U0725464

全国监理工程师职业资格考试辅导

建设工程合同管理复习题集

全国监理工程师职业资格考试辅导编写委员会　编写

中国建筑工业出版社

图书在版编目（CIP）数据

建设工程合同管理复习题集/全国监理工程师职业
资格考试辅导编写委员会编写 . —北京：中国建筑工业
出版社，2022.9
（全国监理工程师职业资格考试辅导）
ISBN 978-7-112-27643-1

Ⅰ.①建…　Ⅱ.①全…　Ⅲ.①建筑工程—经济合同—
管理—资格考试—习题集　Ⅳ.① TU723.1-44

中国版本图书馆 CIP 数据核字（2022）第 131037 号

本书紧扣考试大纲，全面把握历年考试情况，有针对性地整理了各考点中的一些重要
题目，是参加监理工程师考试的辅导用书。

本书共分为 9 章，分别是建设工程合同管理法律制度、建设工程勘察设计招标、建设
工程施工招标及工程总承包招标、建设工程材料设备采购招标、建设工程勘察设计合同管
理、建设工程施工合同管理、建设工程总承包合同管理、建设工程材料设备采购合同管理、
国际工程常用合同文本。

责任编辑：王华月　张　磊　范业庶
责任校对：芦欣甜

全国监理工程师职业资格考试辅导

建设工程合同管理复习题集
全国监理工程师职业资格考试辅导编写委员会　编写
＊
中国建筑工业出版社出版、发行（北京海淀三里河路 9 号）
各地新华书店、建筑书店经销
北京点击世代文化传媒有限公司制版
北京建筑工业印刷厂印刷
＊
开本：787 毫米 ×1092 毫米　1/16　印张：12　字数：259 千字
2022 年 12 月第一版　2022 年 12 月第一次印刷
定价：**38.00** 元（含增值服务）
ISBN 978-7-112-27643-1
　　　　（39848）

前／言

为了更好地把握监理工程师职业资格考试的重点，我们组织编写了《全国监理工程师职业资格考试辅导》，本套丛书包括《建设工程监理基本理论和相关法规复习题集》《建设工程合同管理复习题集》《建设工程目标控制（土木建筑工程）复习题集》《建设工程监理案例分析（土木建筑工程）复习题集》。本分册由北京帕克国际工程咨询股份有限公司李辉主编。

本套丛书主要是将近二十年的考试题目按考点进行归纳、整理、解析、总结，通过优化整合，分析各年考试的命题规律，从而启发考生复习备考的思路，引导考生应该着重对哪些内容进行学习，主要是对考试大纲的细化和考试教材的梳理。根据考试大纲的要求，提炼考点，每个考点的试题均根据考试大纲和历年考题的考点分布的规律去编写，题量的设置也是依据历年考题的分值分布情况来安排。

本套丛书旨在帮助考生提炼考试考点，以节省考生时间，达到事半功倍的复习效果。书中提炼了辅导教材中应知应会的重点题目，同时，对应重点和难点题目进行了讲解，使考生加深对出题点、出题方式和出题思路的了解，进一步领悟考试的命题趋势和命题重点。

本套丛书的特色与如何使用：

1. 把本套丛书中的历年真题的采分点，在考试用书中进行一一标记，标记完你就找到了学习的重点，这是本套丛书独有的价值体现。

2. 本套丛书中的历年真题都标记了考试年份和题号，方便考生去分析和总结命题规律。比如：（2018—3）就是代表 2018 年真题的第 3 题；【20170403】就是代表 2017 年真题的第 4 题的第 3 个问题。

3. 本套丛书中没有标记年份的题目，是老师们编写的可能会考核到的一些重要题目。

4. 本套丛书中相对难以理解的题目，老师们都做了详细的讲解，可以帮助考生很好地理解题目。

5. 本套丛书中的题目是依据考试用书中内容的先后顺序来安排的，因此，同一考点下的历年真题感觉上是没有规律的，这样安排有助于考生对照考试用书学习。

6. 本套丛书中的题量是根据考试的频率来安排的，考试频率高的内容安排的题目也多,隔几年考一次的内容安排的题目相对少一些,考试频率低的内容就没有安排题目。

7. 把同一考点下的历年真题都整理在一起,考生就会很好地把命题的方式、题干的表达、选项的设置等了解透彻。

购买本书后,考生会得到以下的增值服务:

1. **免费答疑服务:** 专门为考生配备了专业答疑老师解答疑难问题,答疑 QQ 群:684900288(加群密码:助考服务)。考生可以在 QQ 群中展开讨论互动,助考老师随时为考生解决疑难问题。

2. **考前冲刺试卷:** 考试前 10 天为考生提供临考冲刺试卷。

3. **必考知识 5 页纸:** 在考试前两周为考生免费提供更浓缩的必考知识点。

4. **知识导图:** 购书即可免费领取四个科目的知识导图,帮助考生理清所需学习的知识。

5. **提供手机做题:** 免费提供手机真题题库,关注微信公众号"文峰建筑讲堂"即可随时随地做题。

6. **免费为考生提供习题解答思路和方法:** 为考生提供备考指导、知识重点、难点解答技巧之类的。

7. **难点题目解题技巧指导:** 比如一些计算题、网络图、典型的案例分析题等的难度稍大一些题目,我们会给考生提供解题方法、技巧,也会提供公式的轻松记忆方法。

8. **配备助学导师:** 我们为每一科目配备专门的助学导师,在考生整个学习过程中提供全方位的助学帮助。

目 / 录

2022年度考试真题涉及 2022 版三套监理辅导用书内容的统计

题号	考点	与《复习题集》吻合的内容	与《核心考点掌中宝》吻合的内容	与《历年真题＋考点解读＋专家指导》吻合的内容
1	保证的方式	第一章第三节第 5 题	—	第一章第三节 "一、采分点 2【考生必掌握】"
2	投标保证金的数额	第一章第三节第 46 题	第一章第三节考点 9	第一章第三节 "六、【考生必掌握】"
3	施工预付款保函	第一章第三节知识导学	第一章第三节考点 9	第一章第三节 "六、【考生必掌握】"
4	勘察设计招标文件的发包人要求	—	第二章第二节考点 4	第二章第二节 "四、【考生必掌握】2."
5	工程勘察服务的内容	第二章第二节第 6 题	—	第二章第二节 "五、【考生必掌握】1."
6	工程勘察服务的内容	第二章第二节第 6 题	—	第二章第二节 "五、【考生必掌握】1."
7	对勘察纲要或设计方案内容的要求	—	第二章第二节考点 6	
8	勘察招标的详细评审			
9	评标委员会的组成	第三章第一节第 33 题	第三章第一节考点 8	第三章第一节 "七、【考生必掌握】1." "【历年这样考】第 3 题"
10	履约担保	—		第三章第一节 "八、【考生必掌握】2."
11	施工合同订立	第三章第一节第 40 题	第三章第一节考点 9	第三章第一节 "八、【考生必掌握】3."
12	施工招标资格审查办法	第三章第二节第 6 题	第三章第二节考点 1	第三章第二节 "二、【考生必掌握】"
13	施工评标办法	第三章第三节第 13 题		第三章第三节 "二【考生必掌握】" "【历年这样考】第 2 题"
14	评标方法之一综合评估法	第三章第三节知识导学	第三章第三节考点	第三章第三节 "二、【考生必掌握】"
15	投标响应性要求	第三章第三节知识导学	第三章第三节考点	—
16	设计成果补偿	—		
17	材料设备采购方式	第四章第一节第 3 题	第四章第一节考点 1	第四章第一节 "二、【考生必掌握】1."
18	从中国关境内提供的货物报价方式	第四章第一节第 10 题	第四章第一节考点 3	第四章第一节 "三、【考生必掌握】1."
19	从中国关境外提供的货物报价方式	第四章第一节第 15 题	第四章第一节考点 3	第四章第一节 "三、【考生必掌握】2."
20	材料采购的初步评审内容	第四章第二节第 11 题	第四章第二节考点 4	第四章第二节 "四、【考生必掌握】2."
21	设备采购的评标	第四章第三节第 6 题	—	第四章第三节 "三、【考生必掌握】1."
22	建设工程勘察合同文件的优先解释顺序	第五章第一节第 3 题	第五章第一节考点 1	第五章第一节 "一、【考生必掌握】1."
23	勘察人的一般义务	第五章第一节第 13 题	第五章第一节考点 4	第五章第一节 "二、【考生必掌握】3."
24	勘察人违约的责任承担	第五章第一节第 27 题	第五章第一节考点 9	—

题号	考点	与《复习题集》吻合的内容	与《核心考点掌中宝》吻合的内容	与《历年真题＋考点解读＋专家指导》吻合的内容
25	《标准设计招标文件》中不可抗力事件引起的后果及其损失的承担	—	—	—
26	发包人原因导致的设计变更	第五章第二节第 7 题	第五章第二节考点 4	第五章第二节"二、【考生必掌握】6."
27	发包人要求的设计变更	第五章第二节第 6 题	第五章第二节考点 4	第五章第二节"二、【考生必掌握】6."
28	建设工程设计合同履行管理	—	第五章第二节考点 5	—
29	施工合同监理人的指示	第六章第二节第 5、7 题	第六章第二节考点 1	第六章第二节【考生必掌握】"【历年这样考】第 1 题"
30	订立施工合同时需要明确的内容	第六章第三节第 5 题	第六章第三节考点 2	—
31	施工合同中人员工伤事故保险和人身意外伤害保险	第六章第三节知识导学	第六章第三节考点 4	第六章第三节"三、【考生必掌握】1."
32	编制施工组织设计	第六章第三节第 45 题	第六章第三节考点 6	第六章第三节"五、【考生必掌握】"
33	隐蔽工程的检验	第六章第四节第 16 题	第六章第四节考点 5	第六章第四节"三、【考生必掌握】2."
34	施工合同的签约合同价	第六章第四节第 24 题	第六章第四节考点 8	第六章第四节"四、采分点 1【考生必掌握】"
35	施工合同的暂列金额	第六章第四节第 31 题	第六章第四节考点 8	第六章第四节"四、采分点 1【考生必掌握】"
36	施工合同的工程量计量	第六章第四节第 42 题	第六章第四节考点 10	—
37	施工合同最终结清申请单的提交时限	第六章第四节第 89 题	第六章第四节考点 23	第六章第四节"十、【考生必掌握】"
38	设计施工总承包合同方式的优点	第七章第一节第 3、4 题	第七章第一节考点 1	第七章第一节"【考生必掌握】"
39	监理人职责	—	第七章第二节考点 1	第七章第二节"【考生必掌握】3."
40	设计施工总承包合同监理人职责	第七章第三节第 2 题	第七章第三节考点 1	第七章第三节"一采分点 1【考生必掌握】"
41	设计施工总承包工程竣工试验各阶段的要求	第七章第三节第 8 题	—	第七章第三节"一采分点 2【考生必掌握】3."
42	设计施工总承包履约担保的有效期	第七章第三节第 28 题		
43	设计施工总承包发包人审查的期限	第七章第四节第 7 题	第七章第四节考点 1	第七章第四节"一、【考生必掌握】2."【历年这样考】第 1 题"
44	材料采购合同的预付款	第八章第二节第 3 题	第八章第二节考点 1	第八章第二节"一、【考生必掌握】2."
45	材料交付前卖方的检验	第八章第二节知识导学	第八章第二节考点 3	第八章第二节"三、【考生必掌握】1."
46	设备采购合同的验收款	第八章第三节知识导学	第八章第三节考点 1	第八章第三节"一、【考生必掌握】2."【还会这样考】"
47	设备的开箱检验	—	第八章第三节考点 5	第八章第三节"四、【考生必掌握】1."

题号	考点	与《复习题集》吻合的内容	与《核心考点掌中宝》吻合的内容	与《历年真题＋考点解读＋专家指导》吻合的内容
48	争端避免／裁决委员会的任命	第九章第一节知识导学	—	第九章第一节"二、【考生必掌握】"
49	设计采购施工（EPC）／交钥匙合同进度计划的提交	第九章第二节知识导学	第九章第二节考点2	第九章第二节"二、【考生必掌握】"
50	IPD模式实施过程各阶段的任务	第九章第四节第10题	第九章第四节考点4	—
51	参考选用标准示范文本的作用	—	—	第一章第一节"一、【考生必掌握】1."
52	授权委托书应当载明的内容	第一章第二节第52题	—	第一章第二节"二、采分点2【考生必掌握】1."
53	建筑工程一切险的保险责任	第一章第四节第11、18题	第一章第四节考点3	第一章第四节"二、采分点2【考生必掌握】""历年这样考第3题"
54	工程设计招标的主要特征	第二章第一节第3题	第二章第一节考点1	第二章第一节"一、【考生必掌握】"
55	公开招标的主要特点	第二章第一节第8、9题	第二章第一节考点2	第二章第一节"二、采分点1【考生必掌握】1."
56	施工招标阶段组织现场踏勘	第三章第一节第29题	第三章第一节考点6	第三章第一节"五【考生必掌握】""【还会这样考】"
57	工程施工招标的开标程序	—	第三章第一节考点7	第三章第一节"六、【考生必掌握】"
58	施工招标资格预审申请文件的澄清和说明	第三章第二节知识导学	第三章第二节考点2	第三章第二节考点2
59	施工投标报价算术错误的处理	第三章第三节第1题	第三章第三节考点3	第三章第三节"一、采分点3【考生必掌握】1."
60	大中型机电设备招标分项报价	第四章第一节第18题	—	—
61	材料采购招标文件的内容	第四章第二节第3题	第四章第二节考点1	第四章第二节"二、【考生必掌握】1."
62	设备采购的评标价法	第四章第三节第11题	第四章第三节考点6	第四章第三节"三、【考生必掌握】2."
63	勘察人应履行的安全职责	第五章第一节第18题	第五章第一节考点7	第五章第一节"三、采分点3【考生必掌握】""【历年这样考】第3题"
64	《标准勘察招标文件》的通用合同条款	第五章第一节第27题	第五章第一节考点9	—
65	工程设计的依据	第五章第二节第5题	第五章第二节考点3	第五章第二节"一、【考生必掌握】1."
66	设计合同的合同价格	—	第五章第二节考点6	—
67	标准施工合同的组成	第六章第一节第7题	第六章第一节考点3	第六章第一节"【考生必掌握】""历年这样考第4题"
68	暂停施工的责任	第六章第四节第8、9题	第六章第四节考点4	第六章第四节"二、采分点2【考生必掌握】"

题号	考点	与《复习题集》吻合的内容	与《核心考点掌中宝》吻合的内容	与《历年真题＋考点解读＋专家指导》吻合的内容
69	发包人与承包人签署的提前竣工协议	第六章第四节第13题	第六章第四节考点3	第六章第四节"二、采分点2【考生必掌握】"
70	工程进度款的支付	—	第六章第四节考点11	第六章第四节"四、采分点3【考生必掌握】""【还会这样考】第2题"
71	标准施工合同通用条款规定的变更范围	—	第六章第四节考点13	第六章第四节"六、【考生必掌握】"
72	工程施工中不可抗力的情形	第六章第四节第60题	第六章第四节考点15	第六章第四节"七、【考生必掌握】"
73	订立设计施工总承包合同时需要明确的内容	第七章第三节第17题	第七章第三节考点3	第七章第三节"二、【考生必掌握】"
74	设计施工总承包合同的履行	第七章第四节第3题	第七章第四节考点1	第七章第四节"一、【考生必掌握】1."
75	设计施工总承包合同的索赔	第七章第四节第21题	第七章第四节考点5	第七章第四节"四、【考生必掌握】1.""【历年这样考】第2题"
76	材料设备采购合同的属性	第八章第一节第1题	第八章第一节考点1	第八章第一节"一、【考生必掌握】1.""【历年这样考】第2题"
77	设备采购合同文件的组成	第八章第一节知识导学	第八章第一节考点3	—
78	设备采购合同价款的支付	第八章第三节知识导学	第八章第三节考点1	第八章第三节"一、【考生必掌握】2."
79	《施工合同条件》中各方责任和义务	第九章第一节第6题	第九章第一节考点2	第九章第一节"一、【考生必掌握】"
80	ECC合同内容的组成	第九章第三节第7题	第九章第三节考点2	第九章第三节"一、【考生必掌握】"

第一章

建设工程合同管理法律制度

第一节　合同管理任务和方法

知识导学

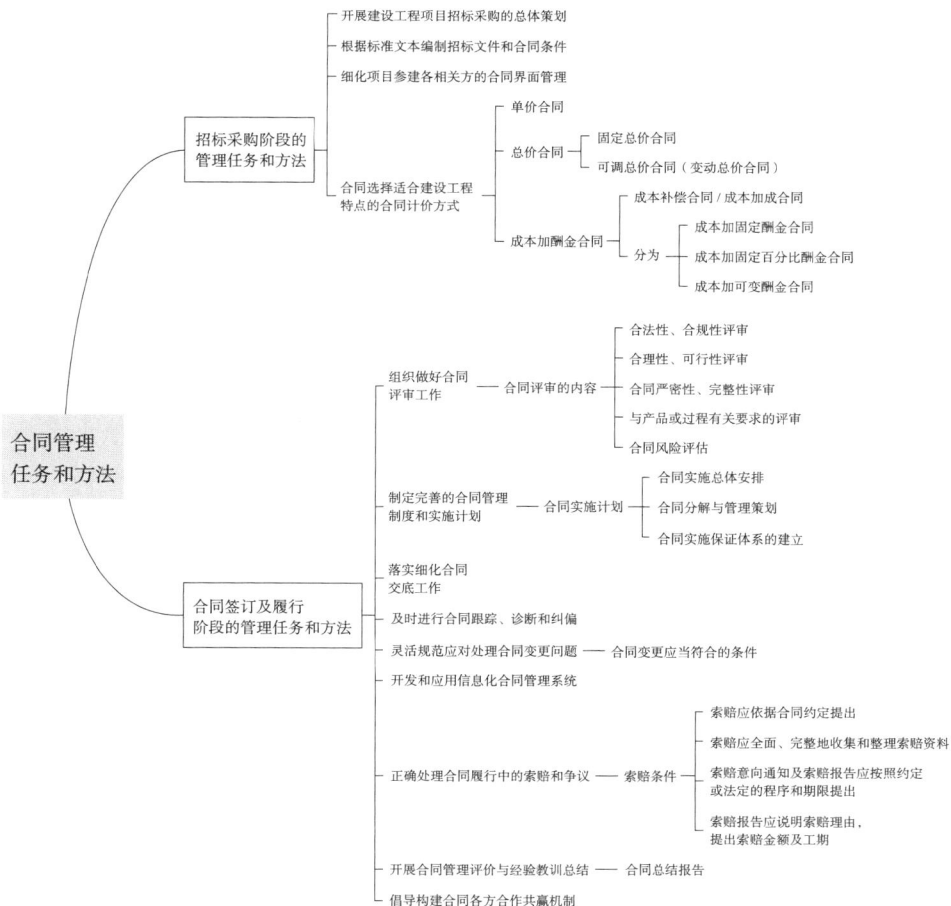

合同管理任务和方法

- 招标采购阶段的管理任务和方法
  - 开展建设工程项目招标采购的总体策划
  - 根据标准文本编制招标文件和合同条件
  - 细化项目参建各相关方的合同界面管理
  - 合同选择适合建设工程特点的合同计价方式
    - 单价合同
    - 总价合同
      - 固定总价合同
      - 可调总价合同（变动总价合同）
    - 成本加酬金合同
      - 成本补偿合同/成本加成合同
      - 分为
        - 成本加固定酬金合同
        - 成本加固定百分比酬金合同
        - 成本加可变酬金合同

- 合同签订及履行阶段的管理任务和方法
  - 组织做好合同评审工作
    - 合同评审的内容
      - 合法性、合规性评审
      - 合理性、可行性评审
      - 合同严密性、完整性评审
      - 与产品或过程有关要求的评审
      - 合同风险评估
  - 制定完善的合同管理制度和实施计划
    - 合同实施计划
      - 合同实施总体安排
      - 合同分解与管理策划
      - 合同实施保证体系的建立
  - 落实细化合同交底工作
  - 及时进行合同跟踪、诊断和纠偏
  - 灵活规范应对处理合同变更问题 —— 合同变更应当符合的条件
  - 开发和应用信息化合同管理系统
  - 正确处理合同履行中的索赔和争议
    - 索赔条件
      - 索赔应依据合同约定提出
      - 索赔应全面、完整地收集和整理索赔资料
      - 索赔意向通知及索赔报告应按照约定或法定的程序和期限提出
      - 索赔报告应说明索赔理由，提出索赔金额及工期
  - 开展合同管理评价与经验教训总结 —— 合同总结报告
  - 倡导构建合同各方合作共赢机制

习题汇总

一、招标采购阶段的管理任务和方法

1. （2022—51）我国工程建设领域推行标准招标合同文件，当事人选用标准合同文本将有利于（　　）。

A. 降低合同价格 　　　　　　　　　B. 避免条款缺项漏项

C. 提高交易效率 　　　　　　　　　D. 审计监督合同

E. 条款符合法规要求

2. （2020—2）下列合同计价方式中，在工程施工中"量"和"价"方面的风险分配对合同双方均显公平的是（　　）。

A. 单价合同 　　　　　　　　　　　B. 固定总价合同

C. 可调总价合同 　　　　　　　　　D. 成本加酬金合同

3. （2021—52）与单价合同相比，固定总价合同的特点有（　　）。

A. 适用于地下条件复杂的工程

B. 适用于时间特别紧迫的工程

C. 业主控制投资的难度大

D. 承包商承担价格变化的风险较大

E. 对承包商准确预估工程量的要求高

4. 关于单价合同，下列说法中正确的是（　　）。

A. 单价合同的特点是总价优先

B. 单价合同一般适用于工程范围和任务明确，工程设计图纸完整详细，价格波动不大的项目

C. 单价合同可以缩短招标投标时间，利于尽早开工

D. 单价合同有利于控制投资

5. 在工程施工承包招标时，施工期限一年左右的项目可考虑采用（　　）。

A. 变动总价合同 　　　　　　　　　B. 固定单价合同

C. 可变单价合同 　　　　　　　　　D. 固定总价合同

6. 对建设周期一年半以上的工程项目，宜采用（　　）。

A. 可调总价合同 　　　　　　　　　B. 固定总价合同

C. 固定单价合同 　　　　　　　　　D. 成本补偿合同

二、合同签订及履行阶段的管理任务和方法

7. （2020—51）建设工程合同相关各方编制的合同实施计划应包括的内容有（　　）。

A. 合同文本比选 　　　　　　　　　B. 合同实施总体安排

C. 合同分解与管理策划 　　　　　　D. 合同实施保证体系的建立

E．合同索赔结果分析

8．合同评审主要内容有（　　）。

A．准确性、盈利性评审　　　　　　　　B．合理性、可行性评审

C．合同严密性、完整性评审　　　　　　D．与产品或过程有关要求的评审

E．合同风险评估

9．合同交底应包括的内容有（　　）。

A．合同实施计划及责任分配

B．合同实施的主要风险

C．合同实施总体安排

D．合同订立过程中的特殊问题及合同待定问题

E．合同实施保证体系的建立

习题答案及解析

1．BCDE　　　　2．A　　　　　3．DE　　　　4．C　　　　　5．D

6．A　　　　　7．BCD　　　　8．BCDE　　　9．ABD

【解析】

2．A。单价合同是根据工程量实际发生的多少而支付相应的工程款，发生的多则多支付，发生的少则少支付，这使得在施工工程"价"和"量"方面的风险分配对合同双方均显公平。

5．D。在工程施工承包招标时，施工期限一年左右的项目可考虑采用固定总价合同，以签订合同时的单价和总价为准，物价上涨等风险由承包商承担。

6．A。对建设周期一年半以上的工程项目，则应考虑施工期间市场价格等的变化，宜采用可调总价合同。

7．BCD。合同实施计划是保证合同履行的重要手段，合同相关各方应根据合同编制合同实施计划。合同实施计划应包括：（1）合同实施总体安排；（2）合同分解与管理策划；（3）合同实施保证体系的建立。

8．BCDE。合同评审主要包括下列内容：（1）合法性、合规性评审；（2）合理性、可行性评审；（3）合同严密性、完整性评审；（4）与产品或过程有关要求的评审；（5）合同风险评估。

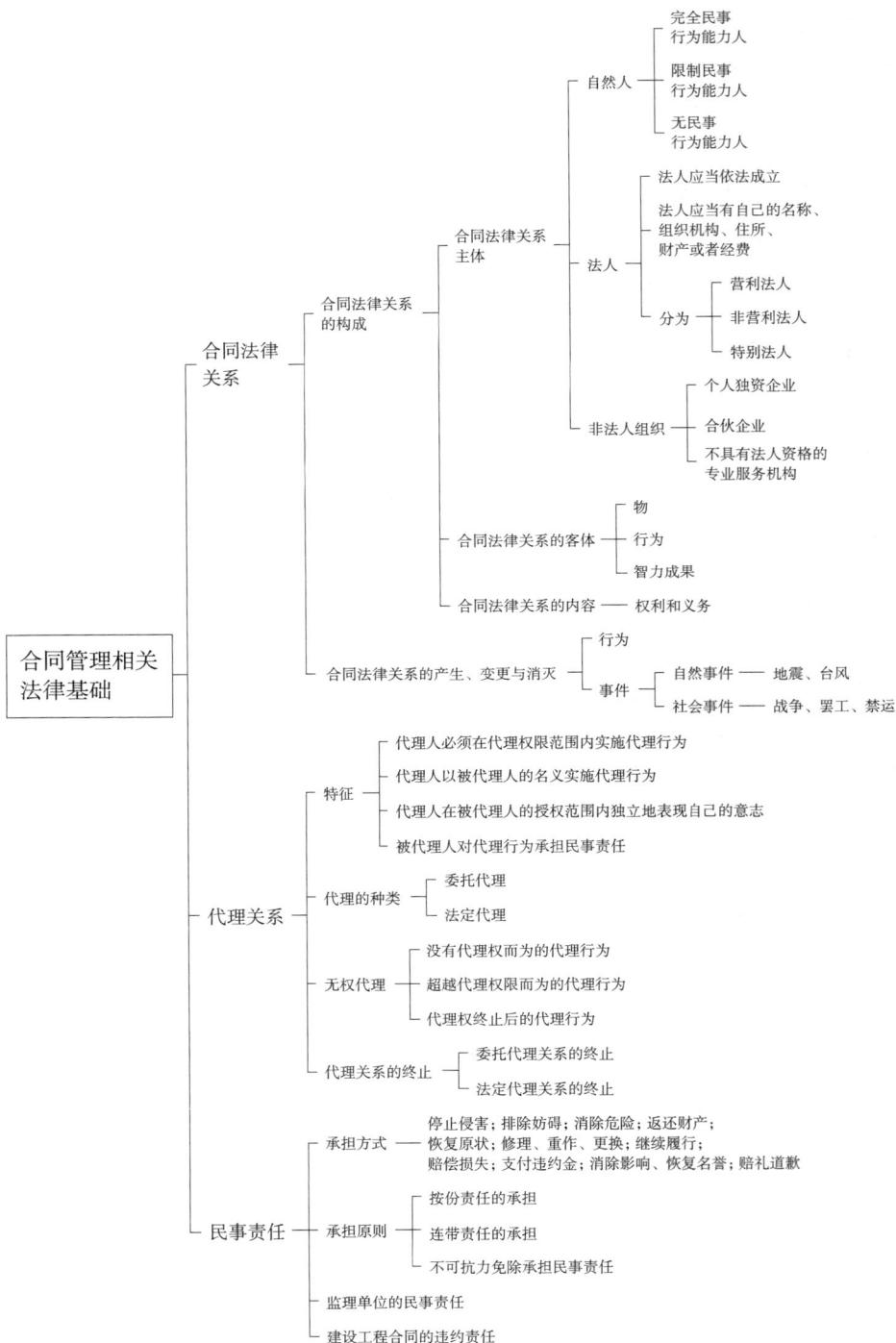

第二节　合同管理相关法律基础

知识导学

合同管理相关法律基础
- 合同法律关系
  - 合同法律关系的构成
    - 合同法律关系主体
      - 自然人
        - 完全民事行为能力人
        - 限制民事行为能力人
        - 无民事行为能力人
      - 法人
        - 法人应当依法成立
        - 法人应当有自己的名称、组织机构、住所、财产或者经费
        - 分为
          - 营利法人
          - 非营利法人
          - 特别法人
      - 非法人组织
        - 个人独资企业
        - 合伙企业
        - 不具有法人资格的专业服务机构
    - 合同法律关系的客体
      - 物
      - 行为
      - 智力成果
    - 合同法律关系的内容 —— 权利和义务
  - 合同法律关系的产生、变更与消灭
    - 行为
    - 事件
      - 自然事件 —— 地震、台风
      - 社会事件 —— 战争、罢工、禁运
- 代理关系
  - 特征
    - 代理人必须在代理权限范围内实施代理行为
    - 代理人以被代理人的名义实施代理行为
    - 代理人在被代理人的授权范围内独立地表现自己的意志
    - 被代理人对代理行为承担民事责任
  - 代理的种类
    - 委托代理
    - 法定代理
  - 无权代理
    - 没有代理权而为的代理行为
    - 超越代理权限而为的代理行为
    - 代理权终止后的代理行为
  - 代理关系的终止
    - 委托代理关系的终止
    - 法定代理关系的终止
- 民事责任
  - 承担方式
    - 停止侵害；排除妨碍；消除危险；返还财产；恢复原状；修理、重作、更换；继续履行；赔偿损失；支付违约金；消除影响、恢复名誉；赔礼道歉
  - 承担原则
    - 按份责任的承担
    - 连带责任的承担
    - 不可抗力免除承担民事责任
  - 监理单位的民事责任
  - 建设工程合同的违约责任

习题汇总

一、合同法律关系

（一）合同法律关系的构成

1. 合同法律关系的概念

1.（2021—54）合同法律关系的构成要素有（　　）。

A. 目标
B. 主体

C. 客体
D. 内容

E. 性质

2. 关于合同法律关系，下列说法正确的是（　　）。

A. 合同法律关系可以没有内容

B. 技术秘密不能作为合同法律关系的客体

C. 法律事实能够引起合同法律关系的消灭

D. 只有行为能够引起合同法律关系的消灭

2. 合同法律关系主体

3.（2014—3）下列组织或个人中，不能成为合同法律关系主体的是（　　）。

A. 自然人
B. 委托代理

C. 设计事务所
D. 监理事务所

4. 合同法律关系的主体是享有相应权利、承担相应义务的合同当事人，包括（　　）。

A. 自然人
B. 智力成果

C. 营利法人
D. 非营利法人

E. 非法人组织

（1）自然人

5.（2017—2）作为合同法律关系主体的自然人必须具备（　　）能力。

A. 完全民事行为
B. 限制民事行为

C. 与合同履行相适应的民事行为
D. 一般民事行为

6. 根据自然人的年龄和精神健康状况，可以将自然人分为（　　）。

A. 高等民事行为能力人
B. 中等民事行为能力人

C. 限制民事行为能力人
D. 完全民事行为能力人

E. 无民事行为能力人

7. 关于自然人，下列符合完全民事行为能力人的标准是（　　）。

A. 17 周岁的甲靠工作收入维持生活

B. 17 周岁的高中生乙

C. 8 周岁的小学生丁

D. 25 周岁的丙完全不能辨认自己行为

（2）法人

8.（2017—52）法人是依法独立享有民事权利和承担民事义务的组织，其应具备的条件包括（　　）。

A. 依法成立
B. 有自己的名称及组织机构
C. 有必要的经费
D. 有资质证书
E. 法定代表人具有执业资格

9. 属于营利法人的有（　　）。

A. 有限责任公司
B. 事业单位
C. 社会团体
D. 股份有限公司
E. 农村集体经济组织法人

10. 属于非营利法人的有（　　）。

A. 股份有限公司
B. 基金会
C. 社会服务机构
D. 机关法人
E. 城镇农村的合作经济组织法人

11. 属于特别法人的是（　　）。

A. 基金会
B. 事业单位
C. 基层群众性自治组织法人
D. 有限责任公司

（3）非法人组织

12. 非法人组织包括（　　）。

A. 个人独资企业
B. 股份有限公司
C. 合伙企业
D. 社会团体、社会服务机构
E. 不具有法人资格的专业服务机构

3. 合同法律关系的客体

13.（2020—52）合同法律关系的客体包括（　　）。

A. 当事人
B. 物
C. 行为
D. 权力
E. 智力成果

（1）物

14.（2015—2）在借款合同中，货币表现为合同法律关系的（　　）。

A. 主体
B. 客体
C. 权利
D. 义务

15.（2016—3）下列合同中，合同法律关系客体属于物的是（　　）。

A. 借款合同
B. 勘察合同
C. 施工合同
D. 技术转让合同

16. 下列合同法律关系的客体中，属于物的是（　　）。

A. 技术秘密
B. 建筑设备

C．建筑材料 　　　　　　　　　D．建筑物

E．工程设计

（2）行为

17．（2015—3）下列合同法律关系的客体中，属于行为的是（　　）。

A．建筑材料 　　　　　　　　　B．建筑设备

C．勘察设计 　　　　　　　　　D．知识产权

18．下列合同法律关系的客体中，属于行为的是（　　）。

A．建筑设备 　　　　　　　　　B．施工安装

C．知识产权 　　　　　　　　　D．工程设计

19．下列客体中，属于行为的是（　　）。

A．绑扎钢筋 　　　　　　　　　B．知识产权

C．建筑物 　　　　　　　　　　D．货币

20．下列客体中，属于行为的是（　　）。

A．建筑设备 　　　　　　　　　B．抹灰

C．土方开挖 　　　　　　　　　D．专利权

E．建筑物

（3）智力成果

21．（2004—2）某单位与某设计院就购买该设计院设计专利签订了合同，此合同法律关系的客体是（　　）。

A．物 　　　　　　　　　　　　B．行为

C．智力成果 　　　　　　　　　D．活动

22．（2006—1）工程建设单位与某设计单位签订合同，购买该设计单位已完成设计的图纸，该合同法律关系的客体是（　　）。

A．物 　　　　　　　　　　　　B．财产

C．行为 　　　　　　　　　　　D．智力成果

23．（2017—3）合同法律关系客体的智力成果指的是（　　）。

A．建筑物 　　　　　　　　　　B．设计工作

C．技术秘密 　　　　　　　　　D．工艺技术设备

24．属于合同法律关系客体中智力成果的是（　　）。

A．借款合同 　　　　　　　　　B．勘察设计

C．施工安装 　　　　　　　　　D．知识产权

25．下列合同法律关系的客体中，属于智力成果的有（　　）。

A．专利权 　　　　　　　　　　B．工程设计

C．土方开挖 　　　　　　　　　D．借款合同

E．绑扎钢筋

4. 合同法律关系的内容

26.（2016—51）下列施工合同条款中，属于合同法律关系内容的有（　　）。

A. 发包人名称

B. 承包人名称

C. 发承包项目名称

D. 提供施工场地的约定

E. 工程价款结算的约定

27. 合同法律关系的内容有（　　）。

A. 权利

B. 物

C. 义务

D. 智力成果

E. 行为

（二）合同法律关系的产生、变更与消灭

28.（2014—2）关于合同法律关系的说法，正确的是（　　）。

A. 合同法律关系可以没有内容

B. 技术秘密不能作为合同法律关系的客体

C. 只有法律事实能够引起合同法律关系的消灭

D. 只有行为能够引起合同法律关系的消灭

29.（2018—3）关于法律事实的说法，正确的是（　　）。

A. 法律事实不包括事件

B. 罢工属于法律事实中的行为

C. 法院判决不属于法律事实中的行为

D. 合同当事人违约属于法律事实中的行为

30. 能够引起合同法律关系产生、变更和消灭的法律事实不包括（　　）。

A. 仲裁机构裁决

B. 地震或台风

C. 合同一方当事人违约

D. 物价正常波动

1. 行为

31.（2015—52）能够引起合同法律关系产生、变更和消灭的法律事实有（　　）。

A. 合同当事人违约

B. 季节性雨季影响施工

C. 法院判决

D. 仲裁机构裁决

E. 物价正常波动

32. 合同法律关系的产生、变更和消灭的法律事实分为行为和事件两类。下列属于行为的是（　　）。

A. 地震灾害导致施工暂停

B. 台风影响施工安全

C. 罢工影响施工进度

D. 行政行为

2. 事件

33. 在施工合同履行过程中发生的事实中，属于事件的有（　　）。

A. 地震灾害导致施工暂停

B. 建设工程合同当事人违约

C. 当事人订立合法有效的合同

D. 台风灾害导致施工暂停

E．行政行为

二、代理关系

（一）代理的概念和特征

34．（2007—1）某施工企业在异地设有分公司，分公司受其委托与材料供应商订立了采购合同。材料交货后货款未支付，供应商应以（　）为被告人向人民法院起诉，要求支付材料款。

A．监理单位
B．分公司
C．建设单位
D．施工企业

35．（2015—4）招标代理过程中，由于代理行为过程产生的后果，应由（　）承担责任。

A．招标代理机构
B．招标监管部门
C．投标人
D．招标人

36．（2016—5）施工企业法定代表人授权项目经理进行工程项目投标，中标后形成的合同义务由（　）承担。

A．施工企业法定代表人
B．拟派项目经理
C．施工项目部
D．施工企业

37．（2019—54）关于民事代理的说法，正确的有（　）。

A．代理人必须在代理范围内实施代理行为
B．代理人只能依照被代理人的意志实施代理行为
C．代理人以自己的名义实施代理行为
D．被代理人对代理人的代理行为承担责任
E．被代理人对代理人不当代理行为不承担责任

38．关于代理法律特征的表述中，不正确的是（　）。

A．代理人必须在代理权限范围内实施代理行为
B．代理人以自己的名义实施代理行为
C．被代理人对代理行为承担民事责任
D．代理人在被代理人的授权范围内独立地表现自己的意志

（二）代理的种类

39．（2015—53）根据代理权产生的依据不同，代理可分为（　）。

A．招标代理
B．委托代理
C．法定代理
D．追加代理
E．指定代理

1．委托代理

40．（2022—52）委托代理采用书面形式授权的，授权委托书应当载明的内容有（　）。

A．代理事项
B．代理权限

C. 代理人姓名或名称　　　　　　　D. 代理费用

E. 代理期限

41.（2002—1）委托代理人与第三人签订合同的法律特征表现为（　　）。

A. 以代理人的名义与对方谈判

B. 商签的合同内应有代理人权利和义务的条款

C. 代理人在合同谈判过程中自主地提出自己的要求

D. 所形成的合同由委托人和代理人共同履行

42.（2006—51）在代理关系中，委托代理关系终止的条件包括（　　）。

A. 被代理人的法人终止　　　　　　B. 被代理人取得民事行为能力

C. 被代理人取消委托　　　　　　　D. 代理事项完成

E. 代理期限届满

43.（2010—2）监理公司指派总监理工程师负责工程项目监理，这种行为的法律性质属于（　　）。

A. 委托代理　　　　　　　　　　　B. 法定代理

C. 指定代理　　　　　　　　　　　D. 职务代理

44.（2011—1）施工企业授权项目经理在授权范围内进行施工管理，项目经理为施工企业实施采购材料的行为属于（　　）。

A. 职务代理　　　　　　　　　　　B. 指定代理

C. 法定代理　　　　　　　　　　　D. 委托代理

45. 关于代理的说法，正确的有（　　）。

A. 项目经理是施工企业的代理人

B. 项目总监理工程师是监理单位的代理人

C. 项目总监理工程师是建设单位的代理人

D. 如果授权范围不明确，应由代理人向第三人承担民事责任

E. 如果授权范围不明确，代理人直接承担连带责任

46.（2017—5）建设单位委托招标代理机构招标的，招标代理机构在授权范围内代理行为的法律责任由（　　）。

A. 招标代理机构　　　　　　　　　B. 建设单位

C. 政府监管机构　　　　　　　　　D. 项目评标委员会

47.（2018—4）工程监理单位授权总监理工程师组织完成监理任务而产生的代理属于（　　）。

A. 法定代理　　　　　　　　　　　B. 委托代理

C. 指定代理　　　　　　　　　　　D. 延伸代理

48.（2018—53）在施工合同关系中，关于施工企业项目经理的说法，正确的有（　　）。

A. 项目经理是施工企业的代理人

B．项目经理是项目经理部的代理人

C．施工企业应对项目经理的行为承担民事责任

D．项目经理部应对项目经理的行为承担民事责任

E．项目经理应对其行为承担民事责任

49．（2019—5）施工企业负责人授权项目经理负责工程项目管理，其授权行为构成（   ）。

A．表见代理

B．法定代理

C．指定代理

D．委托代理

50．因被代理人对代理人授权不明确，给第三人造成损失，关于损失承担的说法，正确的是（   ）。

A．由被代理人自行承担责任

B．由代理人自行承担责任

C．由第三人自行承担责任

D．由被代理人向第三人承担民事责任，代理人负连带责任

51．委托代理中，如果授权范围不明确，则应当由（   ）。

A．被代理人自行承担全部责任

B．代理人自行承担全部责任

C．被代理人（单位）向第三人承担民事责任，代理人负连带责任

D．被代理人与代理人共同向第三人承担按份责任

52．施工项目经理是施工企业的代理人，这种代理属于（   ）。

A．法定代理

B．表见代理

C．委托代理

D．职务代理

53．在工程建设中涉及的代理主要是（   ）。

A．法定代理

B．委托代理

C．指定代理

D．追加代理

2．法定代理

54．代理的种类中，（   ）主要是为维护无行为能力或限制行为能力人的利益而设立的代理方式。

A．指定代理

B．法定代理

C．委托代理

D．意定代理

55．根据法律的直接规定而产生的代理是（   ）。

A．法定代理

B．委托代理

C．追加代理

D．指定代理

（三）无权代理

56．（2001—52）对无权代理行为，被代理人有（   ）。

A．撤回权

B．追认权

C. 拒绝权　　　　　　　　　　　　　　D. 催告权

E. 撤销权

57.（2016—52）关于无权代理的说法，正确的有（　　）。

A. 超越代理权限而为的"代理"行为属于无权代理

B. 代理权终止后的"代理"行为的后果直接归属"被代理人"

C. 对无权代理行为，"被代理人"可以行使"追认权"

D. 无权代理行为按一定程序可以转化为合法代理行为

E. 无权代理行为由行为人承担民事责任

58. 关于无权代理的表述中，不正确的是（　　）。

A. 没有代理权而为的代理行为属于无权代理

B. 代理权终止后的代理行为属于无权代理

C. 无权代理行为只有经过"被代理人"的追认，被代理人才承担民事责任

D. 越权代理的行为，相对人可以催告被代理人自收到通知之日起 3 个月内予以追认

（四）代理关系的终止

59. 委托代理关系可因（　　）而终止。

A. 代理期间届满或者代理事项完成

B. 被代理人取消委托或代理人辞去委托

C. 代理人死亡或代理人丧失民事行为能力

D. 作为被代理人或者代理人的法人终止

E. 被代理人取得或者恢复民事行为能力

三、民事责任

60. 下列不属于承担民事责任方式的是（　　）。

A. 继续履行　　　　　　　　　　　　　B. 返还财产

C. 恢复原状　　　　　　　　　　　　　D. 支付定金或罚金

61. 某基础设施工程未经竣工验收，建设单位擅自提前使用，2 年后发现该工程出现质量问题。关于该工程质量责任的说法，正确的是（　　）。

A. 设计文件中该工程的合理使用年限内，施工企业应当承担质量责任

B. 超过 2 年保修期后，施工企业不需要承担保修责任

C. 由于建设单位提前使用，施工企业不承担质量责任

D. 施工企业是否承担质量责任，取决于建设单位是否已经全额支付工程款

习题答案及解析

1. BCD　　2. C　　3. B　　4. ACDE　　5. C

6. CDE　　7. A　　8. ABC　　9. AD　　10. BC

11．C	12．ACE	13．BCE	14．B	15．A
16．BCD	17．C	18．B	19．A	20．BC
21．C	22．D	23．C	24．D	25．AB
26．DE	27．AC	28．C	29．D	30．D
31．ACD	32．D	33．AD	34．D	35．D
36．D	37．AD	38．B	39．BC	40．ABCE
41．C	42．ACDE	43．A	44．D	45．AB
46．B	47．B	48．AC	49．D	50．D
51．C	52．C	53．B	54．B	55．A
56．BC	57．ACD	58．D	59．ABCD	60．D
61．A				

【解析】

1．BCD。合同法律关系包括合同法律关系主体、合同法律关系客体、合同法律关系内容三个要素。在2019年度的考试中，同样对本题涉及的采分点进行了考查。

5．C。自然人是指基于出生而成为民事法律关系主体的有生命的人。作为合同法律关系主体的自然人必须具备相应的民事权利能力和民事行为能力。

6．CDE。民事行为能力是民事主体通过自己的行为取得民事权利和履行民事义务的资格。根据自然人的年龄和精神健康状况，可以将自然人分为完全民事行为能力人、限制民事行为能力人和无民事行为能力人。

8．ABC。法人应当依法成立。法人应当有自己的名称、组织机构、住所、财产或者经费。法人成立的具体条件和程序，依照法律、行政法规的规定。在2003、2005年度的考试中，同样对本题涉及的采分点进行了考查。

13．BCE。合同法律关系客体，是指参加合同法律关系的主体享有的权利和承担的义务所共同指向的对象。合同法律关系的客体主要包括物、行为、智力成果。在2014年度的考试中，同样对本题涉及的采分点进行了考查。

14．B。合同法律关系的客体主要包括物、行为、智力成果。货币作为一般等价物也是法律意义上的物，可以作为合同法律关系的客体。

15．A。货币作为一般等价物也是法律意义上的物，可以作为合同法律关系的客体，如借款合同等。

16．BCD。如建筑材料、建筑设备、建筑物等都可能成为合同法律关系的客体。

17．C。在合同法律关系客体中，行为多表现为完成一定的工作（如勘察设计、施工安装等），同时也可以表现为提供一定的劳务（如绑扎钢筋、土方开挖、抹灰等）。

21．C。智力成果是通过人的智力活动所创造出的精神成果，包括知识产权、技术秘密及在特定情况下的公知技术。如专利权、工程设计等，都有可能成为合同法律关系的客体。

26．DE。合同法律关系的内容是指合同约定和法律规定的权利和义务。合同法律关系的内容是合同的具体要求，决定了合同法律关系的性质，它是连接主体的纽带。

28．C。合同法律关系并不是由建设法律规范本身产生的，只有在具有一定的情况和条件下才能产生、变更和消灭。能够引起合同法律关系产生、变更和消灭的客观现象和事实，就是法律事实。法律事实包括行为和事件。

31．ACD。建设工程合同当事人违约，会导致建设工程合同关系的变更或者消灭。行政行为和发生法律效力的法院判决、裁定以及仲裁机构发生法律效力的裁决等，也是一种法律事实，也能引起法律关系的发生、变更、消灭。在2019年度的考试中，同样对本题涉及的采分点进行了考查。

34．D。代理是代理人以被代理人的名义实施的法律行为，所以在代理关系中所设定的权利义务，应当直接归属被代理人享受和承担。

37．AD。代理人在代理权限内，以被代理人的名义实施的民事法律行为，对被代理人发生效力。代理具有以下特征：（1）代理人必须在代理权限范围内实施代理行为；（2）代理人以被代理人的名义实施代理行为；（3）代理人在被代理人的授权范围内独立地表现自己的意志；（4）被代理人对代理行为承担民事责任。被代理人对代理人的代理行为应承担的责任，既包括对代理人在执行代理任务的合法行为承担民事责任，也包括对代理人不当代理行为承担民事责任。

40．ABCE。授权委托书应当载明代理人的姓名或者名称、代理事项、权限和期间，并由被代理人签名或者盖章。

42．ACDE。委托代理关系可因下列原因终止：（1）代理期间届满或者代理事务完成；（2）被代理人取消委托或代理人辞去委托；（3）代理人丧失民事行为能力；（4）代理人或者被代理人死亡；（5）作为代理人或者被代理人的法人、非法人组织终止。

43．A。委托代理，是基于被代理人对代理人的委托授权行为而产生的代理。在工程建设中涉及的代理主要是委托代理，如项目经理作为施工企业的代理人、总监理工程师作为监理单位的代理人等。

45．AB。在工程建设中涉及的代理主要是委托代理，如项目经理作为施工企业的代理人、总监理工程师作为监理单位的代理人等。如果授权范围不明确，则应当由被代理人（单位）向第三人承担民事责任，代理人负连带责任，但是代理人的连带责任是在被代理人无法承担责任的基础上承担的。

47．B。委托代理人按照被代理人的委托行使代理权。在工程建设中涉及的代理主要是委托代理，如项目经理作为施工企业的代理人、总监理工程师作为监理单位的代理人等。

48．AC。在工程建设中涉及的代理主要是委托代理，如项目经理作为施工企业的代理人、总监理工程师作为监理单位的代理人等。考虑工程建设的实际情况，被代理人的承担民事责任的能力远远高于代理人，在这种情况下实际应当由被代理人承担民事责任。

50．D。委托代理的代理人应当在授权范围内行使代理权，超出授权范围的行为则应当由行为人自己承担。如果授权范围不明确，则应当由被代理人（单位）向第三人承担民事责任，代理人负连带责任。

51．C。委托代理中，如果授权范围不明确，则应当由被代理人（单位）向第三人承担民事责任，代理人负连带责任，但是代理人的连带责任是在被代理人无法承担责任的基础上承担的。

52．C。在工程建设中涉及的代理主要是委托代理，如项目经理作为施工企业的代理人、总监理工程师作为监理单位的代理人等，当然，授权行为是由单位的法定代表人代表单位完成的。

54．B。法定代理主要是为维护无行为能力或限制行为能力人的利益而设立的代理方式。

55．A。法定代理是指根据法律的直接规定而产生的代理。

56．BC。对于无权代理行为，被代理人可以根据无权代理行为的后果对自己有利或不利的原则，行使"追认权"或"拒绝权"。

57．ACD。无权代理是指行为人没有代理权而以他人名义进行民事、经济活动。无权代理包括以下三种情况：（1）没有代理权而为的代理行为；（2）超越代理权限而为的代理行为；（3）代理权终止后的代理行为。对于无权代理行为，"被代理人"可以根据无权代理行为的后果对自己有利或不利的原则，行使"追认权"或"拒绝权"。行使追认权后，将无权代理行为转化为合法的代理行为。

59．ABCD。委托代理关系可因下列原因终止：（1）代理期间届满或者代理事务完成；（2）被代理人取消委托或代理人辞去委托；（3）代理人丧失民事行为能力；（4）代理人或者被代理人死亡；（5）作为代理人或者被代理人的法人、非法人组织终止。

60．D。承担民事责任的方式主要有：（1）停止侵害；（2）排除妨碍；（3）消除危险；（4）返还财产；（5）恢复原状；（6）修理、重作、更换；（7）继续履行；（8）赔偿损失；（9）支付违约金；（10）消除影响、恢复名誉；（11）赔礼道歉。承担民事责任的方式，可以单独适用，也可以合并适用。

61．A。建设工程未经竣工验收，发包人擅自使用后，又以使用部分质量不符合约定为由主张权利的，不予支持；但是承包人应当在建设工程的合理使用寿命内对地基基础工程和主体结构质量承担民事责任。

第三节 合同担保

知识导学

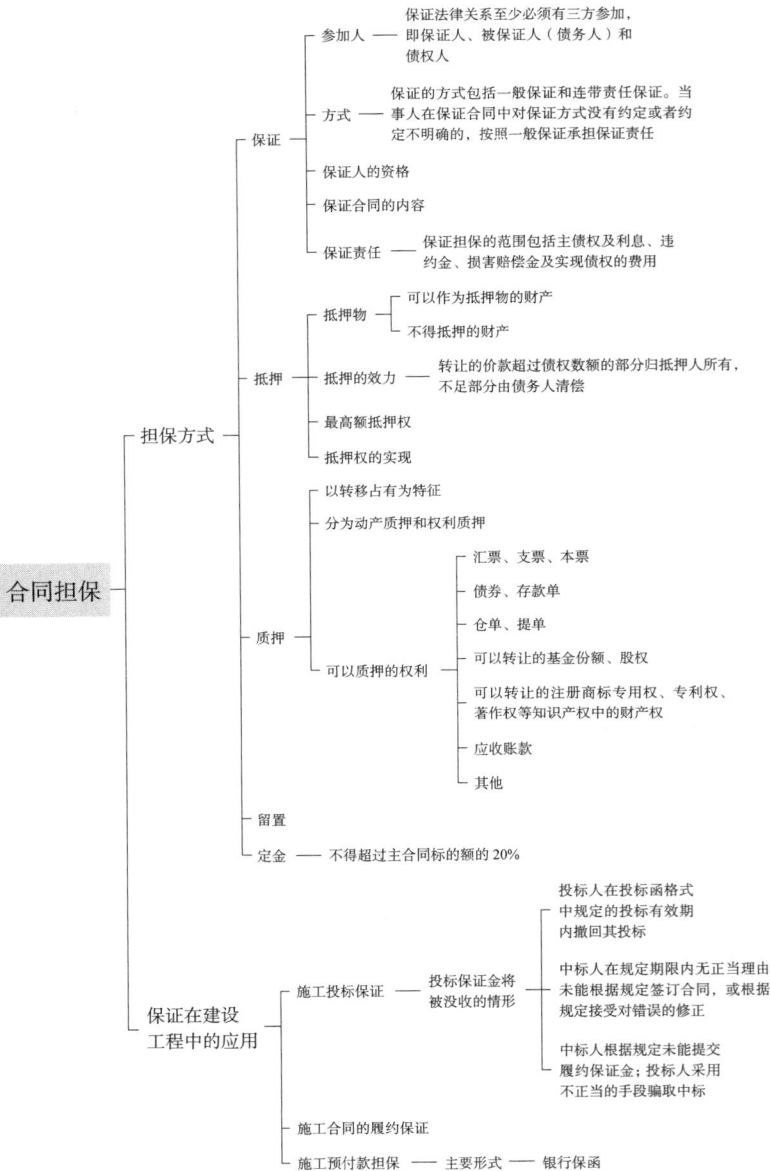

习题汇总

一、担保的概念

1. 关于担保概念的表述中，不正确的是（　　）。

A. 担保通常由当事人双方订立担保合同

B. 被担保合同是无效的不影响担保合同的效力

C. 担保活动应当遵循平等、自愿、公平、诚实信用的原则

D. 担保是指当事人根据法律规定或者双方约定，为促使债务人履行债务实现债权人权利的法律制度

二、担保方式

（一）保证

2. 担保方式分为（　　）。

A. 保证　　　　　　　　　　　　B. 查封

C. 留置　　　　　　　　　　　　D. 扣押

E. 定金

1. 保证的概念和方式

3. 保证合同是指（　　）的约定。

A. 合同当事人　　　　　　　　　B. 债权人和债务人

C. 保证人和债权人　　　　　　　D. 保证人和债务人

4.（2006—2）担保方式中的保证，实际运用过程中应理解为（　　）。

A. 债务人和债权人约定，债务人向债权人保证履行合同义务

B. 债务人和债权人约定，当债务人不履行债务时，由保证人代为履行债务

C. 保证人和债权人约定，当债务人不履行债务时，保证人按约定履行债务

D. 保证人和债务人约定，当债务人不履行债务时，保证人按约定履行债务

5.（2022—1）根据《民法典》合同编，当事人在保证合同中对保证方式没有约定或约定不明确的，保证人按照（　　）方式承担保证责任。

A. 连带责任　　　　　　　　　　B. 仲裁协议约定

C. 一般保证　　　　　　　　　　D. 当事人诉讼请求

6.（2012—51）关于保证方式的说法，正确的有（　　）。

A. 保证方式有一般保证和连带责任保证

B. 当事人没有约定保证方式，则为一般保证

C. 当事人没有约定保证方式，则为连带责任保证

D. 一般保证是指债务人没有按约定履行债务时，债权人可直接要求保证人履行

E. 一般保证是指债权人必须首先要求债务人履行

7.（2019—7）保证法律关系应当参加的主体至少有（　　）。

A. 保证人、被保证人

B. 保证人、被保证人、债权人

C. 被保证人、债权人

D. 保证人、债权人

8. 保证人和债权人约定，当债务人不履行债务时，保证人按照约定履行债务或者承担责任的行为指的是（　　）。

A. 抵押

B. 质押

C. 保证

D. 定金

2. 保证人的资格

9.（2013—1）关于保证人资格的说法，正确的是（　　）。

A. 企业法人的职能部门，可以在授权范围内作为保证人

B. 企业法人的分支机构一律不得作为保证人

C. 医院可以作为保证人

D. 学校不得作为保证人

10.（2018—5）关于保证人资格的说法，正确的是（　　）。

A. 公民个人不得作为保证人

B. 企业法人的职能部门一律不得作为保证人

C. 企业法人的分支机构一律不得作为保证人

D. 学校在一定条件下可以作为担保人

11.（2019—9）下列组织或机构中，不能作为保证人的是（　　）。

A. 非银行金融机构

B. 国家机关

C. 法人的分支机构

D. 合伙企业

12. 具有代为清偿债务能力的法人、其他组织或者公民，可以作为保证人。但是，不能作为保证人的有（　　）。

A. 企业法人的分支机构、职能部门

B. 国家机关

C. 幼儿园

D. 医院

E. 科技有限责任公司

3. 保证合同的内容

13.（2019—56）保证合同的主要内容包括（　　）。

A. 被保证的主债权种类、数额

B. 债务人履行债务的方式

C. 保证的期间

D. 保证的范围

E. 债务人履行债务的期限

4. 保证责任

14.（2017—53）保证合同的范围包括（　　）。

A. 主债权及利息

B. 债权人的间接损失

C. 违约金

D. 债权人实现债权的费用

E. 保证合同另有约定的财产损失

15.（2021—8）保证合同中，债务人与保证人对保证期间没有约定或者约定不明确的，保证期间为主债务履行期届满之日起（　　）个月。

A．1　　　　　　　　　　　　　　B．3

C．6　　　　　　　　　　　　　　D．12

（二）抵押

1. 抵押的概念

16.（2010—4）下列关于抵押担保和质押担保主要区别的说法中，正确的是（　　）。

A．抵押物必须是债务人的财产，质押物可以是第三人的财产

B．抵押物必须是第三人的财产，质押物可以是债务人的财产

C．担保期间，抵押物必须转移给债权人，质押物不需转移给债权人

D．担保期间，抵押物不需转移给债权人，质押物必须转移给债权人

17.（2016—6）公司甲以其自有办公楼作为抵押物为公司乙向银行申请贷款提供抵押担保，并在登记机关办理了抵押登记，该担保法律关系中，抵押人为（　　）。

A．公司甲　　　　　　　　　　　B．公司乙

C．银行　　　　　　　　　　　　D．登记机关

18.（2018—6）关于抵押的说法，正确的是（　　）。

A．抵押物只能由债务人提供

B．正在建造的建筑物可用于抵押

C．提单可用于抵押

D．抵押物应当转移占有

19.关于抵押概念，下列说法不正确的是（　　）。

A．债务人不履行债务时，债权人有权依照法律规定以抵押物折价或者从变卖抵押物的价款中优先受偿

B．债务人或者第三人称为抵押人

C．抵押是指债务人或者第三人向债权人以转移占有的方式提供一定的财产作为抵押物，用以担保债务履行的担保方式

D．债权人称为抵押权人

20.关于抵押，下列说法正确的是（　　）。

A．抵押的财产不转移占有　　　　B．抵押的财产应当为抵押人所有

C．土地所有权可以作为抵押物　　D．抵押的财产容易灭失

2. 抵押物

21.下列不能抵押的财产是（　　）。

A．建设用地使用权　　　　　　　B．使用权不明的财产

C．正在建造的建筑物　　　　　　D．车辆

22.（2021—55）关于抵押权的说法，正确的是（　　）。

A．以动产抵押的，抵押权在主债务履行时生效

B. 以建设用地使用权抵押的，该土地上建筑物一并抵押

C. 以正在建造的建筑物抵押的，应办理在建工程抵押登记

D. 设立抵押权，当事人应采用书面形式订立抵押合同

E. 使用权不明的财产不得抵押

23. 下列不得抵押的财产有（　　）。

A. 建设用地使用权 　　　　　　　B. 正在建造的建筑物

C. 依法被监管的财产 　　　　　　D. 原材料

E. 公立学校的教育设施

24. 以建筑物抵押的，抵押权自（　　）时设立。

A. 备案 　　　　　　　　　　　　B. 交付

C. 登记 　　　　　　　　　　　　D. 合同签订

25. 以建设用地使用权抵押的，该土地上的建筑物一并抵押，但不得抵押的财产有（　　）。

A. 建设用地使用权

B. 宅基地、自留地

C. 医院的医疗卫生设施

D. 依法被查封、扣押、监管的财产

E. 所有权、使用权不明或者有争议的财产

26. 下列财产可以作为抵押物的有（　　）。

A. 土地所有权

B. 交通运输工具

C. 建筑物和其他土地附着物

D. 生产设备、原材料、半成品、产品

E. 海域使用权

27. 下列可以抵押的财产中，不包括（　　）。

A. 建设用地使用权 　　　　　　　B. 正在建造的建筑物

C. 土地所有权 　　　　　　　　　D. 原材料

E. 医疗卫生设施

28. 下列不能作为抵押的财产包括（　　）。

A. 建设用地使用权 　　　　　　　B. 社会团体的教育设施

C. 土地所有权 　　　　　　　　　D. 抵押人所有的交通工具

E. 依法被监管的财产

3. 抵押的效力

29. （2013—4）某施工企业从银行借款 1000 万元，以房产作抵押。施工企业经营亏损无力还贷，除本金外，施工企业还欠银行利息 200 万元，违约金 200 万元。银行经诉讼后抵押房产被拍卖，得款 2000 万元。银行诉讼及申请拍卖费用 50 万元，则拍

卖得款的分配应为（　　）。

A．全部归银行所有 　　　　　　B．返还施工企业 550 万元

C．返还施工企业 600 万元 　　　D．返还施工企业 750 万元

30．关于抵押，下列说法正确的有（　　）。

A．抵押不转移抵押物的占有

B．抵押人不再负有保管抵押物的义务

C．抵押人未经抵押权人同意并告知受让人转让物已抵押的情况，转让抵押物的行为无效

D．抵押人转让抵押物只需通知抵押权人即可

E．抵押期间，抵押人经抵押权人同意转让抵押财产的，应当将转让所得的价款向抵押权人提前清偿债务

4．最高额抵押权

31．最高额抵押权设立前已经存在的债权，（　　）。

A．可以直接转入最高额抵押担保的债权范围，事后通知当事人即可

B．经当事人同意，可以转入最高额抵押担保的债权范围

C．应当直接转入最高额抵押担保的债权范围

D．不得转入最高额抵押担保的债权范围

5．抵押权的实现

32．同一财产向两个以上债权人抵押的，关于拍卖、变卖抵押财产所得价款清偿顺序的表述中，错误的是（　　）。

A．抵押权无论是否登记，均按照债权比例受偿

B．抵押权已经登记的，按照登记的时间先后确定清偿顺序

C．抵押权已经登记的先于未登记的受偿

D．抵押权未登记的，按照债权比例清偿

33．抵押权人与抵押人未就抵押权实现方式达成协议的，抵押权人（　　）。

A．只能请求人民检察院拍卖、变卖抵押财产

B．应当请求人民法院和仲裁机构共同拍卖、变卖抵押财产

C．可以请求人民法院拍卖、变卖抵押财产

D．为维护自己的合法权益可以自行拍卖、变卖抵押财产

34．抵押物折价或者拍卖、变卖后，其价款超过债权数额的部分归抵押人所有，不足部分（　　）。

A．免于清偿 　　　　　　　　　B．由债务人清偿

C．由债权人和债务人按比例分担 　D．第三人清偿

（三）质押

35．（2014—11）关于质押的说法，正确的是（　　）。

A．出质人只能是债务人 　　　　B．存款单可以用于质押

C. 质押必须转移财产占有   D. 质押必须通过约定建立

E. 建筑物可以用于质押

1. 质押的概念

36. 关于质押的表述中，不正确的是（   ）。

A. 质押后，当债务人不能履行债务时，债权人依法有权就该动产或权利优先得到清偿

B. 质权是一种约定的担保物权，以不转移占有为特征

C. 质押是指债务人或者第三人将其动产或权利移交债权人占有，用以担保债权履行的担保

D. 债务人或者第三人为出质人，债权人为质权人，移交的动产或权利为质物

2. 质押的分类

37. 施工企业从银行贷款，可作为质押担保的有（   ）。

A. 债券、存款单   B. 土地

C. 土地所有权   D. 支票

E. 可以转让的商标专用权

38. 下列权利中，不得进行质押的是（   ）。

A. 债券、存款单   B. 土地使用权

C. 仓单、提单   D. 可以转让的注册商标专用权

39. 下列可以质押的权利包括（   ）。

A. 土地所有权   B. 汇票、支票、本票

C. 仓单、提单   D. 应收账款

E. 社会团体的教育设施

40. 下列不能作为质押担保的是（   ）。

A. 建设用地使用权   B. 股权

C. 注册商标专用权   D. 专利权

（四）留置

41. 施工企业购买材料设备之后由保管人进行储存，存货人未按合同约定向保管人支付仓储费时，保管人有权扣留足以清偿其所欠仓储费的货物。保管人行使的权利是（   ）。

A. 抵押权   B. 质权

C. 留置权   D. 用益物权

（五）定金

42. （2019—10）设计合同中定金条款约定发包人向设计人支付设计费的 20% 作为定金，则该定金自（   ）之日起生效。

A. 合同签字盖章

B. 实际交付

C. 发包人完成设计任务书审批

D．设计人收到发包人设计基础资料

43．（2020—4）定金的数额可由合同当事人约定，但不得超过主合同标的额的（　　）。

A．20%

B．30%

C．40%

D．50%

三、保证在建设工程中的应用

44．（2008—52）工程项目建设过程中，发包人要求承包人提供的担保通常有（　　）。

A．施工投标保证

B．施工合同履约保证

C．施工合同支付保证

D．工程预付款担保

E．施工合同工程垫支保证

（一）施工投标保证

45．（2022—2）根据《招标投标法实施条例》，要求投标人提交投标保证金的，投标保证金数额不得超过招标项目估算价的（　　）。

A．2%

B．3%

C．5%

D．10%

46．（2014—7）在施工招标投标中，下列投标人的行为不构成没收投标保证金的情形是（　　）。

A．投标文件没有按要求密封

B．投标人在投标有效期内撤销投标

C．中标人拒绝订立合同

D．中标人不接受根据规定对投标文件错误的修正

47．（2015—6）某工程施工招标，合同估算价为3000万元，招标人要求提交的投标保证金额度应不超过（　　）万元。

A．60

B．80

C．350

D．300

48．（2017—7）根据《招标投标法实施条例》，建设工程项目招标结束后，招标人退还投标保证金时间限定在（　　）。

A．与中标人签订书面合同后的15日内

B．与中标人签订书面合同后的5日内

C．招标投标结束后的30日内

D．招标投标结束后的15日内

49．（2019—11）建设工程招标程序中，投标保证金可以不予退还的情形是（　　）。

A．投标人在投标函中规定的投标有效期内撤销其投标

B．投标人在投标截止日前撤回其投标

C．投标保证金的有效期短于投标有效期

D. 未中标的投标人未按规定的时间收回投标保证金

50.（2020—7）在工程勘察设计招标投标过程中，应没收投标保证金的情形是（   ）。

A. 投标人在评标期间向外界透露投标报价信息

B. 投标人提交的投标保证金数额低于招标文件的规定

C. 投标人在投标截止后致函提出技术澄清说明

D. 投标人中标后未按招标文件要求提交履约保证金

51.（2021—7）建设工程招标投标过程中，投标保证金将被没收的情形是（   ）。

A. 投标人的投标报价明显低于其实际成本

B. 投标人的资格文件中有虚假材料并导致废标

C. 投标人在投标有效期内要求撤销其投标文件

D. 投标人向招标人提出修改招标文件的要求

52. 投标保证金将被没收的情形不包括（   ）。

A. 投标人在投标函格式中规定的投标有效期内撤回其投标文件

B. 投标人在投标有效期内修改投标文件

C. 投标人采用不正当的手段骗取中标

D. 中标人在规定期限内无正当理由未能根据规定签订合同，或根据规定接受对错误的修正

53.《招标投标法实施条例》规定，投标保证金有效期应当与投标有效期一致，投标有效期从（   ）之日起算。

A. 发售招标文件   B. 发出中标通知书

C. 提交投标文件的截止   D. 评标结束

54. 建设工程招标程序中，投标保函在评标结束之后应退还给承包商的情形是（   ）。

A. 中标人无正当理由未根据规定接受对错误的修正

B. 投标人采用不正当的手段骗取中标

C. 中标的投标人在签订合同时，向业主提交履约担保

D. 投标人在投标函中规定的投标有效期内撤销其投标

55. 招标人最迟应当在书面合同签订后（   ）内向中标人和未中标的投标人退还投标保证金及银行同期存款利息。

A. 3 日   B. 5 日

C. 15 日   D. 1 个月

56. 关于施工投标保证的表述中，符合《招标投标法实施条例》规定的是（   ）。

A. 招标人可以在招标文件中要求投标人提交投标保证金

B. 投标保证金除现金外，只能是银行出具的银行保函、保兑支票或现金支票

C. 投标人应提交规定金额的投标保证金，并作为其投标书的一部分，数额不得

超过招标项目估算价的 20%

D. 投标保证金应当由投标人在提交投标文件前 3 日递交给招标人

57. 工程投标时，投标保证金对投标人具有约束力的期限是（　　）。

A. 投标截止日起，至招标人中标人签订合同日止

B. 投标截止日起，至招标人确定中标人日止

C. 申请资格预审日起，至开标日止

D. 购买招标文件日起，至开标日止

（二）施工合同的履约保证

58.（2016—54）项目实施过程中发生下列情况时，发包人可以凭施工履约保证索取保证金的有（　　）。

A. 中标人在签订合同时向招标人提出附加条件

B. 承包人在施工过程中毁约

C. 发生不可抗力导致合同无法履行

D. 承包人破产、倒闭使合同不能履行

E. 因宏观经济形势变化，发包人要求推迟完工时间

59.（2017—8）根据《招标投标法实施条例》，建设工程项目招标文件中，若要求中标人提供履约保证金的，其额度不应超过中标合同金额的（　　）。

A. 5%　　　　　　　　　　　　　　B. 10%

C. 20%　　　　　　　　　　　　　D. 30%

60. 履约担保金可用保兑支票、银行汇票或现金支票，一般情况下额度为合同价格的（　　）。

A. 2%　　　　　　　　　　　　　　B. 10%

C. 20%　　　　　　　　　　　　　D. 30%

61. 履约保证的形式有履约担保金、履约银行保函和履约担保书。其中履约担保金可用（　　）担保，一般情况下额度为合同价格的10%。

A. 保兑支票　　　　　　　　　　　B. 银行汇票

C. 建筑物抵押　　　　　　　　　　D. 知识产权证

E. 现金支票

62. 履约保证的形式不包括（　　）。

A. 履约担保金　　　　　　　　　　B. 履约银行保函

C. 履约协议书　　　　　　　　　　D. 履约担保书

63. 履约担保书是由保险公司、信托公司、证券公司、实体公司或社会上担保公司出具担保书，担保额度是合同价格的（　　）。

A. 10%　　　　　　　　　　　　　B. 30%

C. 15%　　　　　　　　　　　　　D. 20%

64. 履约保证的担保责任，主要是担保投标人中标后，将按照合同规定，在工程

全过程，按期限按质量履行其义务。若发生（　　）的情况，发包人有权凭履约保证向银行或者担保公司索取保证金作为赔偿。

A．施工过程中，承包人中途毁约

B．施工过程中，承包人按规定施工

C．施工过程中，因不可抗力导致承包人工程延期

D．施工过程中，承包人任意中断工程

E．施工过程中，承包人破产、倒闭

（三）施工预付款担保

65．履约保证金不同于定金，履约保证金的目的是担保承包商完全履行合同，主要担保（　　）符合合同的约定。

A．工期和成本　　　　　　　　　B．工期和质量

C．质量和成本　　　　　　　　　D．工期和施工安全

66．预付款担保的主要形式为（　　）。

A．银行保函　　　　　　　　　　B．保兑支票

C．银行汇票　　　　　　　　　　D．现金支票

67．（2022—3）关于施工预付款保函的说法，正确的是（　　）。

A．预付款保函应由招标人委托第三方开具

B．预付款保函应在签订施工合同前出具

C．预付款保函金额应与预付款金额相同

D．预付款保函应在整个施工期内有效

习题答案及解析

1．B	2．ACE	3．C	4．C	5．C
6．ABD	7．B	8．C	9．D	10．B
11．B	12．ABCD	13．ACDE	14．ACDE	15．C
16．D	17．A	18．B	19．C	20．A
21．B	22．BCDE	23．CE	24．C	25．BCDE
26．BCDE	27．CE	28．BCE	29．B	30．AE
31．B	32．A	33．C	34．B	35．BCD
36．B	37．ADE	38．B	39．BCD	40．A
41．C	42．B	43．A	44．ABD	45．A
46．A	47．A	48．B	49．A	50．D
51．C	52．B	53．C	54．C	55．B
56．A	57．A	58．BD	59．B	60．B
61．ABE	62．C	63．B	64．ADE	65．B
66．A	67．C			

【解析】

1．B。担保是指当事人根据法律规定或者双方约定，为促使债务人履行债务实现债权人权利的法律制度。担保通常由当事人双方订立担保合同。担保合同是被担保合同的从合同，被担保合同是主合同，主合同无效，从合同也无效。担保活动应当遵循平等、自愿、公平、诚实信用的原则。

3．C。保证合同是指保证人和债权人约定，当债务人不履行债务时，保证人按照约定履行债务或者承担责任的行为。

6．ABD。保证的方式有两种，即一般保证和连带责任保证。当事人在保证合同中对保证方式没有约定或者约定不明确的，则按照一般保证承担保证责任。一般保证是指当事人在保证合同中约定，债务人不能履行债务时，由保证人承担责任的保证。连带责任保证是指当事人在保证合同中约定保证人与债务人对债务承担连带责任的保证。连带责任保证的债务人在主合同规定的债务履行期届满没有履行债务的，债权人可以要求债务人履行债务，也可以要求保证人在其保证范围内承担保证责任。

7．B。保证法律关系至少必须有三方参加，即保证人、被保证人（债务人）和债权人。

8．C。保证是指保证人和债权人约定，当债务人不履行债务时，保证人按照约定履行债务或者承担责任的行为。

9．D。具有代为清偿债务能力的法人、其他组织或者公民，可以作为保证人。但是，以下组织不能作为保证人：（1）企业法人的分支机构、职能部门。企业法人的分支机构有法人书面授权的，可以在授权范围内提供保证。（2）国家机关。经国务院批准为使用外国政府或者国际经济组织贷款进行转贷的除外。（3）学校、幼儿园、医院等以公益为目的的事业单位、社会团体。

12．ABCD。机关法人不得为保证人，但是经国务院批准为使用外国政府或者国际经济组织贷款进行转贷的除外。以公益为目的的非营利法人、非法人组织不得为保证人。

13．ACDE。保证合同应包括以下内容：（1）被保证的主债权种类、数额；（2）债务人履行债务的期限；（3）保证的方式；（4）保证担保的范围；（5）保证的期间；（6）双方认为需要约定的其他事项。

14．ACDE。保证的范围包括主债权及其利息、违约金、损害赔偿金和实现债权的费用。当事人另有约定的，按照其约定。在2016年度的考试中，同样对本题涉及的采分点进行了考查。

16．D。质押是指债务人或者第三人将其动产或权利移交债权人占有，用以担保债权履行的担保。抵押是指债务人或者第三人向债权人以不转移占有的方式提供一定的财产作为抵押物，用以担保债务履行的担保方式。

19．C。抵押是指债务人或者第三人向债权人以不转移占有的方式提供一定的财产作为抵押物，用以担保债务履行的担保方式。债务人不履行债务时，债权人有权依照法律规定以抵押物折价或者从变卖抵押物的价款中优先受偿。其中债务人或者第三人称为抵押人，债权人称为抵押权人，提供担保的财产为抵押物。

24．C。当事人以建筑物和其他土地附着物，建设用地使用权，海域使用权，正在建造的建筑物抵押的，应当办理抵押登记。抵押权自登记时设立。

29．B。抵押担保的范围包括主债权及利息、违约金、损害赔偿金和实现抵押权的费用。因此，应返还施工企业 2000-1000-200-200-50=550 万元。

30．AE。抵押是指债务人或者第三人向债权人以不转移占有的方式提供一定的财产作为抵押物，用以担保债务履行的担保方式。抵押人有义务妥善保管抵押物并保证其价值。抵押期间，抵押人经抵押权人同意转让抵押财产的，应当将转让所得的价款向抵押权人提前清偿债务或者提存。抵押期间，抵押人未经抵押权人同意，不得转让抵押财产，但受让人代为清偿债务消灭抵押权的除外。

31．B。最高额抵押权设立前已经存在的债权，经当事人同意，可以转入最高额抵押担保的债权范围。

33．C。抵押权人与抵押人未就抵押权实现方式达成协议的，抵押权人可以请求人民法院拍卖、变卖抵押财产。

34．B。抵押物折价或者拍卖、变卖后，其价款超过债权数额的部分归抵押人所有，不足部分由债务人清偿。

35．BCD。动产质押是指债务人或者第三人将其动产移交债权人占有，将该动产作为债权的担保。能够用作质押的动产没有限制。质权人在债务履行期届满前，不得与出质人约定债务人不履行到期债务时质押财产归债权人所有。质权自出质人交付质押财产时设立。

36．B。质押是指债务人或者第三人将其动产或权利移交债权人占有，用以担保债权履行的担保。质押后，当债务人不能履行到期债务时，债权人依法有权就该动产或权利优先得到清偿。债务人或者第三人为出质人，债权人为质权人，移交的动产或权利为质物。质权是一种约定的担保物权，以转移占有为特征。

37．ADE。动产质押是指债务人或者第三人将其动产移交债权人占有，将该动产作为债权的担保。能够用作质押的动产没有限制。权利质押一般是将权利凭证交付质押人的担保。可以质押的权利包括：（1）汇票、支票、本票；（2）债券、存款单；（3）仓单、提单；（4）可以转让的基金份额、股权；（5）可以转让的注册商标专用权、专利权、著作权等知识产权中的财产权；（6）依法可以出质的其他财产权利；（7）应收账款。

38．B。权利质押一般是将权利凭证交付质押人的担保。可以质押的权利包括：（1）汇票、支票、本票；（2）债券、存款单；（3）仓单、提单；（4）可以转让的基金份额、股权；（5）可以转让的注册商标专用权、专利权、著作权等知识产权中的财产权；（6）应收账款；（7）法律、行政法规规定可以出质的其他财产权利。

39．BCD。可以质押的权利包括：（1）汇票、支票、本票；（2）债券、存款单；（3）仓单、提单；（4）可以转让的基金份额、股权；（5）可以转让的注册商标专用权、专利权、著作权等知识产权中的财产权；（6）现有的以及将有的应收账款；（7）法律、行政法规规定可以出质的其他财产权利。

40．A。债务人或者第三人有权处分的下列权利可以出质：（1）汇票、本票、支票；（2）债券、存款单；（3）仓单、提单；（4）可以转让的基金份额、股权；（5）可以转让的注册商标专用权、专利权、著作权等知识产权中的财产权；（6）现有的以及将有的应收账款；（7）法律、行政法规规定可以出质的其他财产权利。

41．C。留置是指债务人不履行到期债务时，债权人对已经合法占有的债务人的动产，可以留置不返还占有，并有权就该动产折价或以拍卖、变卖所得的价款优先受偿。

42．B。当事人可以约定一方向对方给付定金作为债权的担保。定金合同自实际交付定金时成立。

43．A。定金的数额由当事人约定；但是，不得超过主合同标的额的20%，超过部分不产生定金的效力。

44．ABD。保证在建设过程中的应用包括：施工投标保证；施工合同履约保证；施工预付款担保。

47．A。招标人在招标文件中要求投标人提交投标保证金的，投标保证金不得超过招标项目估算价的2%。

48．B。招标人最迟应当在书面合同签订后5日内向中标人和未中标的投标人退还投标保证金及银行同期存款利息。

53．C。投标保证金有效期应当与投标有效期一致，投标有效期从提交投标文件的截止之日起算。

54．C。投标保函或者保证书在评标结束之后应退还给承包商，一般有两种情况：一是未中标的投标人可向招标人索回投标保函或者保证书，以便向银行或者担保公司办理注销或使押金解冻；二是中标的投标人在签订合同时，向业主提交履约担保，招标人应该退回投标保函或者保证书。

55．B。招标人最迟应当在书面合同签订后5日内向中标人和未中标的投标人退还投标保证金及银行同期存款利息。

57．A。投标保证金有效期应当与投标有效期一致，投标有效期从提交投标文件的截止之日起算。投标保函或者保证书在评标结束之后应退还给承包商：（1）未中标的投标人可向招标人索回投标保函或者保证书，以便向银行或者担保公司办理注销或使押金解冻；（2）中标的投标人在签订合同时，向业主提交履约担保，招标人即可退回投标保函或者保证书。

58．BD。若发生下列情况，发包人有权凭履约保证向银行或者担保公司索取保证金作为赔偿：（1）施工过程中，承包人中途毁约，或任意中断工程，或不按规定施工；（2）承包人破产、倒闭。

59．B。招标文件要求中标人提交履约保证金的，中标人应当按照招标文件的要求提交。履约保证金不得超过中标合同金额的10%。

60．B。履约担保金可用保兑支票、银行汇票或现金支票，一般情况下额度为合同价格的10%。

63．B。履约保证的形式有履约担保金（又叫履约保证金）、履约银行保函和履约担保书三种。履约担保金可用保兑支票、银行汇票或现金支票，一般情况下额度为合同价格的10%；履约银行保函是中标人从银行开具的保函，额度是合同价格的10%；履约担保书是由保险公司、信托公司、证券公司、实体公司或社会上担保公司出具担保书，担保额度是合同价格的30%。

64．ADE。履约保证的担保责任，主要是担保投标人中标后，将按照合同规定，在工程全过程，按期限按质量履行其义务。若发生下列情况，发包人有权凭履约保证向银行或者担保公司索取保证金作为赔偿：（1）施工过程中，承包人中途毁约，或任意中断工程，或不按规定施工；（2）承包人破产、倒闭。

65．B。履约保证金不同于定金，履约保证金的目的是担保承包商完全履行合同，主要担保工期和质量符合合同的约定。

66．A。预付款担保的主要形式为银行保函。

第四节　工程保险

知识导学

习题汇总

一、保险与保险合同

（一）保险与危险

1. 保险制度上的危险是一种损失发生的不确定性，其表现不包括（　　）。

A. 发生与否的不确定性　　　　　　B. 赔偿额上限的不确定性

C. 发生后果的不确定性　　　　　　D. 发生时间的不确定性

（二）保险合同的概念

2. 关于保险合同，下列说法不正确的是（　　）。

A. 保险合同是指被保险人与保险人约定保险权利义务关系的协议

B. 投保人是指与保险人订立保险合同，并按照保险合同负有支付保险费义务的人

C. 保险人是指与投保人订立保险合同，并承担赔偿或者给付保险金责任的保险公司

D. 被保险人是指其财产或者人身受保险合同保障，享有保险金请求权的人，投保人可以为被保险人

（三）保险合同的分类

3. 关于人身保险合同，下列说法正确的有（　　）。

A. 人身保险合同是以人的寿命和身体为保险标的保险合同

B. 投保人应向保险人如实申报被保险人的年龄、身体状况

C. 投保人于合同成立后，只能向保险人一次性支付全部保险费

D. 人身保险的受益人只能由被保险人进行指定

E. 保险人对人身保险的保险费，可以用诉讼方式要求投保人支付

二、工程建设涉及的主要险种

（一）建筑工程一切险（及第三者责任险）

4. （2017—9）建设工程施工过程中发生化学品泄漏，造成工程外部邻近人员中毒住院，其医疗费用应由保险公司支付的前提是该工程投保了建筑工程（　　）。

A. 一切险 　　　　　　　　　　　B. 一切险加第三者责任险

C. 一切险加人身保险 　　　　　　D. 一切险加人身意外伤害险

5. 第三者责任险是指凡工程期间的保险有效期内因工地上发生意外事故造成工地及邻近地区的第三者人身伤亡或财产损失，依法应由（　　）承担的经济赔偿责任。

A. 被保险人 　　　　　　　　　　B. 保险人

C. 保险人和被保险人连带 　　　　D. 受益人

6. 工程建设涉及的主要险种中，（　　）是承保各类民用、工业和公用事业建筑工程项目，包括道路、桥梁、水坝、港口等，在建造过程中因自然灾害或意外事故而引起的一切损失的险种。

A. 建筑工程一切险 　　　　　　　B. 安装工程一切险

C. 机器损坏险 　　　　　　　　　D. 人身意外伤害险

1. 投保人与被保险人

7. （2007—53）建设工程一切险的被保险人可以包括（　　）。

A. 业主 　　　　　　　　　　　　B. 承包商

C. 分包商 　　　　　　　　　　　D. 业主聘用的监理工程师

E. 设备供应商

2. 责任范围

8. （2012—54）以下造成损失的事件中，依据建筑工程一切险的规定，应由保险人支付损失赔偿金的有（　　）。

A. 地震造成的工程损坏 　　　　　B. 水灾的淹没损失

C. 气温变化导致材料变质 　　　　D. 施工机具的自然磨损

E. 非外力引起的机械本身损坏

9．（2016—8）某工程投标了建设工程一切险，在施工期间现场发生下列事件造成损失，保险人负责赔偿的事件是（　　）。

A．大雨造成现场档案资料损毁

B．雷电击毁现场施工用配电柜

C．设计错误导致部分工程拆除重建

D．施工机械过度磨损需要停工检修

10．下列属于建筑工程一切险中意外事故的是（　　）。

A．风暴、暴雨　　　　　　　　　B．山崩、雪崩

C．台风、龙卷风　　　　　　　　D．火灾和爆炸

11．（2022—53）某工程投保建筑工程一切险，保险人负责赔偿损失的有（　　）。

A．设备锈蚀造成的损失　　　　　B．盘点时发现的材料短缺

C．水灾造成的损失　　　　　　　D．原材料缺陷造成的损失

E．雷电造成的损失

3．除外责任

12．（2009—51）建筑工程一切险中的除外责任包括（　　）。

A．地震　　　　　　　　　　　　B．洪水

C．设计错误引起的损失　　　　　D．自然磨损

E．维修保养费用

13．（2014—9）建筑工程一切险的除外责任包括（　　）造成的损失。

A．台风　　　　　　　　　　　　B．暴雨引起地面下陷

C．雷电引起火灾　　　　　　　　D．自然磨损

14．（2015—7）下列在建设工程中发生的事件中，属于建筑工程一切险除外责任的是（　　）。

A．台风导致脚手架坍塌

B．雷电引起火灾

C．建筑材料运输车在工地被吊袋砸坏

D．洪灾引起的沉降

15．（2017—55）建筑工程一切险中，保险人对（　　）原因造成的损失不负责赔偿。

A．设计错误引起的损失和费用

B．因原材料缺陷或工艺不善引起的保险财产本身的损失以及为换置、修理或矫正这些缺点错误所支付的费用

C．外力引起的机械或电气装置的本身损失

D．盘点时发现的短缺

E．除非另有约定，在保险工程开始以前已经存在或形成的位于工地范围内或其周围的属于被保险人的财产的损失

16．下列在建设工程中发生的事件中，属于建筑工程一切险除外责任的是（　　）。

A．雷电引起火灾　　　　　　　　　　B．洪灾引起的沉降

C．台风导致脚手架坍塌　　　　　　　D．设计错误引起的损失和费用

17．建筑工程一切险的保险人对（　　）造成的损失不负责赔偿。

A．设计错误引起的损失和费用

B．维修保养或正常检修的费用

C．盘点时发现的短缺

D．外力引起的机械或电气装置的本身损失

E．领有公共运输行驶执照的，或已由其他保险予以保障的车辆、船舶和飞机的损失

4．第三者责任险

18．（2013—54）建筑工程一切险加保了第三者责任险，下列事件中保险公司应承担赔偿责任的有（　　）。

A．工地内第三者对工程造成的损害

B．与工程直接相关的意外事故引起工地内第三者伤亡

C．与工程直接相关的意外事故引起工地邻近区域的第三者人身伤亡

D．工地外第三者对工程造成的损害

E．承包商基础土方开挖破坏了图纸上未标明的市政供水管道造成的损害

5．赔偿金额

19．有关工程保险的说法中，错误的是（　　）。

A．建筑工程一切险往往还加保第三者责任险

B．在特殊情况下，赔偿金额可以超过保险单明细表中对应列明的每次事故赔偿限额

C．工程开工前，发包人应当为建设工程办理保险，支付保险费用

D．建筑工程一切险的被保险人包括分包商

6．保险期限

20．（2003—52）建筑工程一切险的保险责任期限自保险工程在工地动工或用于保险工程的材料、设备运抵工地之时起，至（　　）之日止，以先发生者为准。

A．工程签发完工验收证书　　　　　　B．承包人完成施工任务

C．工程所有人组织工程验收　　　　　D．工程所有人实际占用全部工程

E．保修期满

21．（2005—53）建筑工程一切险的保险期终止时间可以是（　　）日。

A．工程动工　　　　　　　　　　　　B．全部工程验收合格

C．工程所有人实际占有全部工程　　　D．施工合同约定的竣工

E．保修期满

22．（2011—54）下列情形中，可能导致建筑工程一切险的保险责任期限终止的有（　　）。

A．工程所有人对全部工程签发完工验收证书

B．承包人撤出施工现场

C．工程所有人实际占用全部工程

D．工程保修期满

E．工程合理使用期满

23．（2012—10）某工程项目在施工阶段投保了建筑工程一切险，保险人承担保险责任的开始时间是（   ）。

A．中标通知书发出日　　　　　　　B．施工合同协议书签字日

C．保险合同签字日　　　　　　　　D．工程材料运抵施工现场日

24．（2018—9）在任何情况下，建筑工程一切险保险人承担损害赔偿义务的期限不超过（   ）。

A．保险单列明的建筑期保险终止之日

B．工程所有人对全部工程验收合格之日

C．工程所有人实际占用全部工程之日

D．工程所有人使用全部工程之日

（二）安装工程一切险（及第三者责任险）

1．责任范围

25．（2019—12）关于安装工程一切险责任范围的说法，正确的是（   ）。

A．因地震、台风等自然灾害造成的财产损失

B．因设计错误或工艺不善引起的财产损失

C．因超负荷造成的电气设备损失

D．因自然磨损造成的设备损失

2．除外责任

26．（2020—53）某工程投保安装工程一切险，保险人负责赔偿的损失有（   ）。

A．超负荷原因造成的设备损失　　　B．地面下陷造成的损失

C．维修保养的费用支出　　　　　　D．机械装置失灵造成的本体损失

E．水灾造成的设备损失

27．（2021—53）投保建设工程一切险的工程，保险人对（   ）造成的损失不予赔偿。

A．地面下陷　　　　　　　　　　　B．设计错误

C．维修保养　　　　　　　　　　　D．正常检修

E．气温变化

3．保险期限

28．（2021—10）安装工程一切险通常应以（   ）为保险期限。

A．整个工期　　　　　　　　　　　B．设备生产至安装完成期间

C．工程全寿命期　　　　　　　　　D．施工安装合同有效期

（三）施工企业职工意外伤害险

29.（2020—5）关于施工企业意外伤害保险的说法，正确的是（　　）。

A. 施工企业必须为全体职工办理意外伤害保险

B. 团体意外伤害保险责任是指伤残保险责任

C. 年龄 18 ~ 60 周岁的施工人员均可作为被保险人

D. 工程停工期间保险人不承担保险责任

三、保险合同管理

30. 保险索赔的证据包括（　　）。

A. 保单　　　　　　　　　　　　B. 设计单位负责人的意见

C. 事故照片　　　　　　　　　　D. 鉴定报告

E. 建设工程合同

习题答案及解析

1. B	2. A	3. AB	4. B	5. A
6. A	7. ABCD	8. AB	9. B	10. D
11. CE	12. CDE	13. D	14. C	15. ABDE
16. D	17. ABCE	18. BC	19. B	20. AD
21. BC	22. AC	23. D	24. A	25. A
26. BE	27. BCDE	28. A	29. D	30. ACDE

【解析】

1. B。保险制度上的危险是一种损失发生的不确定性，其表现为：（1）发生与否的不确定性；（2）发生时间的不确定性；（3）发生后果的不确定性。

2. A。保险合同是指投保人与保险人约定保险权利义务关系的协议。投保人是指与保险人订立保险合同，并按照保险合同负有支付保险费义务的人。保险人是指与投保人订立保险合同，并承担赔偿或者给付保险金责任的保险公司。被保险人是指其财产或者人身受保险合同保障，享有保险金请求权的人，投保人可以为被保险人。

4. B。建筑工程一切险往往还加保第三者责任险。第三者责任险是指凡工程期间的保险有效期内因工地上发生意外事故造成工地及邻近地区的第三者人身伤亡或财产损失，依法应由被保险人承担的经济赔偿责任。

5. A。第三者责任险是指凡工程期间的保险有效期内因工地上发生意外事故造成工地及邻近地区的第三者人身伤亡或财产损失，依法应由被保险人承担的经济赔偿责任。

6. A。建筑工程一切险是承保各类民用、工业和公用事业建筑工程项目，包括道路、桥梁、水坝、港口等，在建造过程中因自然灾害或意外事故而引起的一切损失的险种。

7．ABCD。被保险人包括：（1）业主或工程所有人；（2）承包商或分包商；（3）技术顾问，包括业主聘用的建筑师、工程师及其他专业顾问。

10．D。保险人对下列原因造成的损失和费用负责赔偿:（1）自然灾害，指地震、海啸、雷电、飓风、台风、龙卷风、风暴、暴雨、洪水、水灾、冻灾、冰雹、地崩、山崩、雪崩、火山爆发、地面下陷下沉及其他人力不可抗拒的破坏力强大的自然现象；（2）意外事故，指不可预料的以及被保险人无法控制并造成物质损失或人身伤亡的突发性事件，包括火灾和爆炸，故选项D正确。

16．D。保险人对下列各项原因造成的损失不负责赔偿:（1）设计错误引起的损失和费用；（2）自然磨损、内在或潜在缺陷、物质本身变化等；（3）因原材料缺陷或工艺不善引起的保险财产本身的损失以及为换置、修理或矫正这些缺点错误所支付的费用；（4）非外力引起的机械或电气装置的本身损失，或施工用机具、设备、机械装置失灵造成的本身损失；（5）维修保养或正常检修的费用；（6）档案、文件、账簿、票据、现金、各种有价证券、图表资料及包装物料的损失；（7）盘点时发现的短缺；（8）领有公共运输行驶执照的，或已由其他保险予以保障的车辆、船舶和飞机的损失；（9）除非另有约定的两种情形。

18．BC。建筑工程一切险如果加保第三者责任险，则保险人对下列原因造成的损失和费用，负责赔偿:（1）在保险期限内，因发生与所保工程直接相关的意外事故引起工地内及邻近区域的第三者人身伤亡、疾病或财产损失；（2）被保险人因上述原因而支付的诉讼费用以及事先经保险人书面同意而支付的其他费用。

19．B。保险人对每次事故引起的赔偿金额以法院或政府有关部门根据现行法律裁定的应由被保险人偿付的金额为准，但在任何情况下，均不得超过保险单明细表中对应列明的每次事故赔偿限额。在保险期限内，保险人经济赔偿的最高赔偿责任不得超过本保险单明细表中列明的累计赔偿限额。

20．AD。建筑工程一切险的保险责任自保险工程在工地动工或用于保险工程的材料、设备运抵工地之时起始，至工程所有人对部分或全部工程签发完工验收证书或验收合格，或工程所有人实际占用或使用或接受该部分或全部工程之时终止，以先发生者为准。

24．A。在任何情况下，保险人承担损害赔偿义务的期限不超过保险单明细表中列明的建筑期保险终止日。

25．A。保险人对下列原因造成的损失和费用，负责赔偿:（1）自然灾害，指地震、海啸、雷电、飓风、台风、龙卷风、风暴、暴雨、洪水、水灾、冻灾、冰雹、地崩、山崩、雪崩、火山爆发、地面下陷下沉及其他人力不可抗拒的破坏力强大的自然现象；故选项A正确。（2）意外事故，指不可预料的以及被保险人无法控制并造成物质损失或人身伤亡的突发性事件，包括火灾和爆炸。

30．ACDE。保险索赔的证据包括保单、建设工程合同、事故照片、鉴定报告、保单中规定的证明文件。

第一节　工程勘察设计招标特征及方式

知识导学

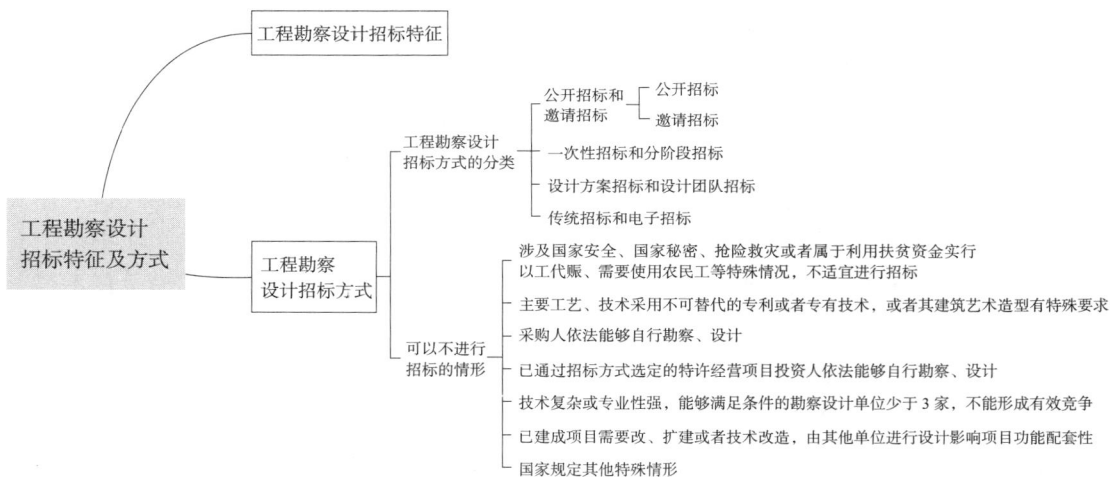

习题汇总

一、工程勘察设计招标特征

1.（2014—18）工程设计招标采用的是开标形式是（　　）。

A. 由招标单位直接宣读各投标人报价

B. 由招标单位宣布按报价高低排定的次序

C. 由投标单位说明投标方案的基本构想并提出报价

D. 由投标单位报价后，招标人按报价高低排出次序

2. 关于工程设计招标评标原则，下列说法不正确的是（　　）。

A．评标时评标委员更多关注于所提供方案的技术先进性

B．评标时评标委员更多关注于对工程项目投资效应的影响等方面的因素

C．评标时更加的注重追求投标价的高低

D．评标时评标委员更多关注于所达到的技术指标、方案的合理性

3．（2022—54）工程设计招标与施工招标相比，主要特征有（　　）。

A．设计工作无具体量化的工作量，灵活性较大

B．设计方案对工程项目投资更具全局性影响

C．招标人可以给予未中标的有效投标人费用补偿

D．招标工作量大、要求评标专家人数多

E．可允许投标人提供备选投标方案

4．与施工招标比较而言，在（　　）上，勘察设计招标的特征是无具体量化的工作量，灵活性较大。

A．招标阶段划分   B．招标条件

C．招标工作性质   D．招标标的物特征

二、工程勘察设计招标方式

（一）工程勘察设计招标方式的分类

5．（2019—58）根据《招标投标法实施条例》，对于属于依法必须公开招标范围内的项目，可以采取邀请招标的情形有（　　）。

A．工期较长的

B．技术复杂，只有少量潜在投标人可供选择的

C．采用公开招标方式的费用占项目合同金额的比例较大的

D．需要采用两阶段招标的

E．实施工程总承包的

6．（2020—54）与公开招标相比，邀请招标的特点有（　　）。

A．以投标邀请书的形式邀请投标人

B．邀请投标人的数量须在 5 家以上

C．招标人对潜在投标人能力较为了解

D．适合于投标资质要求高的重大工程

E．招标投标周期缩短且评标工作量小

7．（2022—55）公开招标与邀请招标相比，主要特点有（　　）。

A．有利于公平竞争

B．有利于缩短招标时间

C．资格预审工作量大

D．以招标公告形式告知潜在投标人

E．有利于节省招标费用

8. 依法必须进行招标的项目，在（ ）的情况下可以进行邀请招标。

A. 采用公开招标方式的费用占项目合同金额的比例过大

B. 受自然环境限制，只有少量潜在投标人可供选择

C. 技术复杂，只有少量潜在投标人可供选择

D. 投标人仅为 9 家

E. 有特殊要求，只有少量潜在投标人可供选择

9. 关于公开招标的优点，下列说法正确的是（ ）。

A. 有利于实现充分竞争

B. 招标人能事先预计投标人的数量

C. 公开招标的单位数量有限

D. 招标人熟悉投标人的情况

10. 关于公开招标的缺点，下列说法正确的是（ ）。

A. 不能充分体现公开竞争

B. 招标人对投标单位的信用不予以信任

C. 招标人难以预计包括哪些投标人

D. 不能充分体现机会均等

（二）可以不进行招标的情形

11. （2020—55）根据《工程建设项目勘察设计招标投标办法》，工程勘察设计可以不进行招标的情形有（ ）。

A. 建设单位依法能够自行勘察设计

B. 能满足技术条件的勘察设计单位少于 3 家

C. 抢险救灾情况紧急不适宜进行招标

D. 项目投资大、工期长，能胜任的勘察设计单位较少

E. 建设单位已有长期合作的勘察设计单位

12. 按照国家规定需要履行项目审批、核准手续的依法必须进行招标的项目，在（ ）情形，经项目审批、核准部门审批、核准，项目的勘察设计可以不进行招标。

A. 技术复杂、有特殊要求或者受自然环境限制，只有少量潜在投标人可供选择的

B. 技术复杂，能够满足条件的勘察设计单位只有 5 家的

C. 属于利用扶贫资金实行以工代赈等特殊情况的

D. 采用公开招标方式的费用占项目合同金额的比例过大的

13. 经项目审批、核准部门审批、批准，项目的勘察设计可以不进行招标的情形是（ ）。

A. 正在通过招标方式选定的特许经营项目投资人依法可以自行勘察、设计

B. 建筑艺术造型有特殊要求

C. 主要工艺采用可替代的专利

D. 已建成项目需要扩建的，由其他单位进行设计不影响项目功能配套性

习题答案及解析

1. C　　　　2. C　　　　3. AC　　　　4. B　　　　5. BC
6. ACE　　　7. ACD　　　8. ABCE　　　9. A　　　　10. C
11. ABC　　　12. C　　　　13. B

【解析】

1. C。开标时不是由招标单位的主持人宣读投标书并按报价高低排定标价次序，而是由各投标人自己说明投标方案的基本构思和意图，以及其他实质性内容。

2. C。在评标原则上，设计招标在评标时，评标专家更加注重所提供设计的技术先进性、所达到的技术指标、方案的合理性，以及对工程项目投资效果的影响等方面的因素，并以此做出综合判断，招标人乐于接受的是物有所值的合理报价，而不是过于追求低报价。

5. BC。可以采取邀请招标的情形：（1）技术复杂；（2）有特殊要求；（3）受自然环境限制；（4）只有少量潜在投标人可供选择；（5）采用公开招标方式的费用占项目合同金额的比例过大。

8. ABCE。国有资金占控股或者主导地位的依法必须进行招标的项目，在下列情况下可以进行邀请招标：（1）技术复杂、有特殊要求或者受自然环境限制，只有少量潜在投标人可供选择；（2）采用公开招标方式的费用占项目合同金额的比例过大。

11. ABC。根据《工程建设项目勘察设计招标投标办法》，按照国家规定需要履行项目审批、核准手续的依法必须进行招标的项目，有下列情形之一的，经项目审批、核准部门审批、核准，项目的勘察设计可以不进行招标：（1）涉及国家安全、国家秘密、抢险救灾或者属于利用扶贫资金实行以工代赈、需要使用农民工等特殊情况，不适宜进行招标；故选项 C 正确。（2）主要工艺、技术采用不可替代的专利或者专有技术，或者其建筑艺术造型有特殊要求；（3）采购人依法能够自行勘察、设计；故选项 A 正确。（4）已通过招标方式选定的特许经营项目投资人依法能够自行勘察、设计；（5）技术复杂或专业性强，能够满足条件的勘察设计单位少于 3 家，不能形成有效竞争；故选项 B 正确。（6）已建成项目需要改、扩建或者技术改造，由其他单位进行设计影响项目功能配套性；（7）国家规定其他特殊情形。

12. C。根据《工程建设项目勘察设计招标投标办法》，按照国家规定需要履行项目审批、核准手续的依法必须进行招标的项目，有下列情形之一的，经项目审批、核准部门审批、核准，项目的勘察设计可以不进行招标：（1）涉及国家安全、国家秘密、抢险救灾或者属于利用扶贫资金实行以工代赈、需要使用进城务工人员等特殊情况，不适宜进行招标；故选项 C 正确。（2）主要工艺、技术采用不可替代的专利或者专有技术，或者其建筑艺术造型有特殊要求；（3）采购人依法能够自行勘察、设计；（4）已通过招标方式选定的特许经营项目投资人依法能够自行勘察、设计；（5）技术复杂或专业性强，能够满足条件的勘察设计单位少于 3 家，不能形成有效竞争；
（6）已建成项目需要改、扩建或者技术改造，由其他单位进行设计影响项目功能配套
性；（7）国家规定其他特殊情形。

第二节　工程勘察设计招标主要工作内容

知识导学

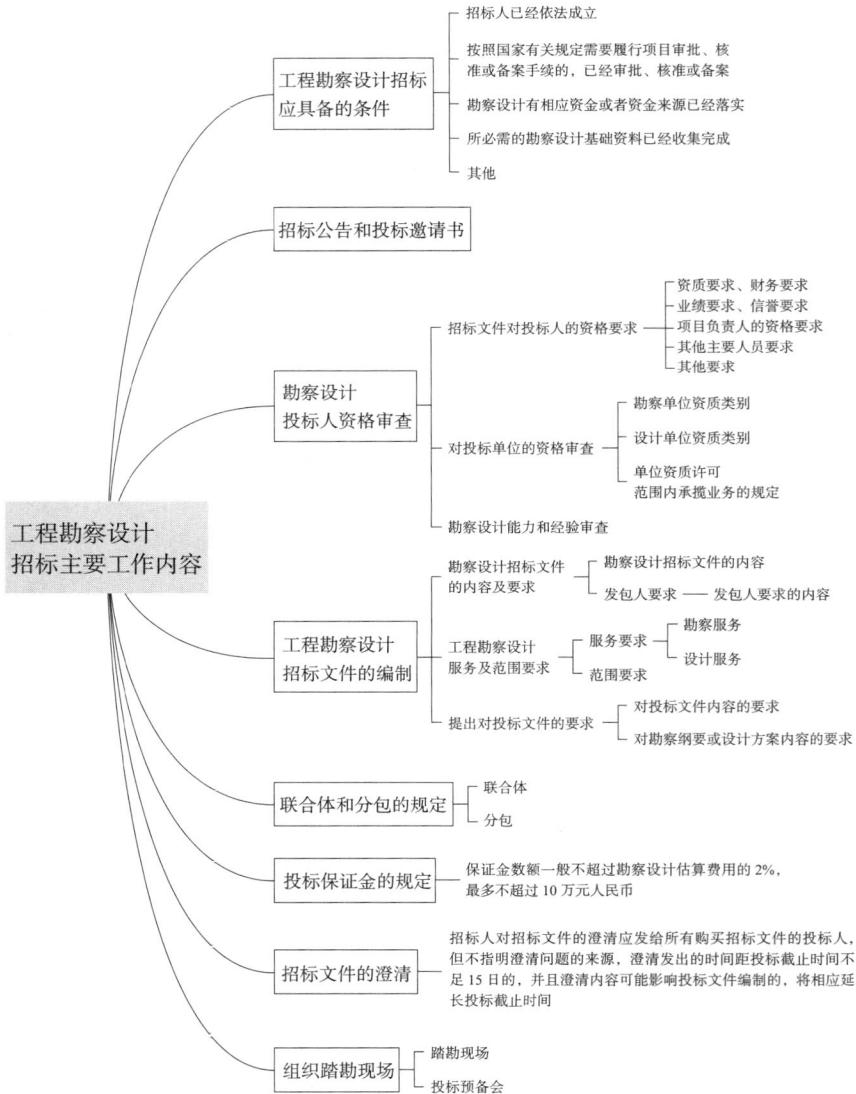

习题汇总

1.（2020—6）工程勘察设计招标时，联合体投标人资质等级的确定原则是（　　）。

A．由多家单位组成的联合体，按资质等级较低的单位确定

B．由多家单位组成的联合体，按资质等级较高的单位确定

C．由同一专业的单位组成的联合体，按资质等级较低的单位确定

D．由同一专业的单位组成的联合体，按资质等级较高的单位确定

2.（2021—64）依法必须进行勘察设计招标的项目，在招标时应具备的条件有（　　）。

A．招标人已经依法成立

B．已确定勘察设计单位初选名单

C．勘察设计资金来源已经落实

D．必需的勘察设计基础资料已收集完成

E．已组织投标申请人踏勘现场

3.（2021—3）根据《标准勘察招标文件》，属于勘察招标文件内容的是（　　）。

A．勘察机构设置　　　　　　　　B．勘察工作难点分析

C．发包人要求　　　　　　　　　D．勘察工作具体措施

4.（2022—4）根据《标准设计招标文件》，属于设计招标文件中"发包人要求"内容的是（　　）。

A．设计文件审查要求　　　　　　B．适用规范标准

C．设计工作计划　　　　　　　　D．设计方案说明

5.（2021—77）根据《标准设计招标文件》中的通用合同条款，设计人应在工程施工期间提供的设计配合服务工作有（　　）。

A．审查勘察作业安全措施计划

B．进行设计技术交底

C．参与施工过程及工程竣工验收

D．参与工程试运行

E．配合施工单位编制施工方案

6.（2021—6）根据《标准设计招标文件》，除投标人须知前附表另有规定外，投标有效期为（　　）日。

A．30　　　　　　　　　　　　　B．60

C．90　　　　　　　　　　　　　D．120

7.（2022—5）根据《标准勘察招标文件》，属于"勘察服务"内容的是（　　）。

A．进行技术交底　　　　　　　　B．提供施工配合

C．评估工程条件　　　　　　　　D．参加竣工验收

8.（2022—6）根据《标准勘察招标文件》中的通用合同条款，勘察人按合同约定

制订勘察纲要，进行测绘、勘探、取样和试验，分析和评估地址特征，编制勘察报告等工作属于（　　）。

　　A. 地址开发服务　　　　　　　　　　B. 勘察服务

　　C. 设计服务　　　　　　　　　　　　D. 测量测绘服务

9.（2022—7）根据《标准勘察招标文件》，属于"勘察纲要"内容的是（　　）。

　　A. 勘察安全保证措施　　　　　　　　B. 勘察成果文件

　　C. 勘察人资质文件　　　　　　　　　D. 勘察分包合同

10. 招标人对招标文件的澄清发出的时间距离投标截止时间不足（　　）的，并且澄清的内容会影响投标文件编制的，将相应延长投标截止时间。

　　A. 10 日　　　　　　　　　　　　　B. 5 日

　　C. 15 日　　　　　　　　　　　　　D. 30 日

11. 投标人对招标文件有异议的，应在投标截止时间（　　）前，以书面形式提出。

　　A. 15 日　　　　　　　　　　　　　B. 5 日

　　C. 30 日　　　　　　　　　　　　　D. 10 日

12. 招标人将在收到异议之日起（　　）内作出答复；作出答复前，将暂停招标投标活动。

　　A. 3 日　　　　　　　　　　　　　　B. 6 日

　　C. 15 日　　　　　　　　　　　　　D. 9 日

13. 关于投标人资格预审，下列属于申请文件的是（　　）。

　　A. 法定代表人身份证明　　　　　　　B. 申请人基本情况表

　　C. 所有年份财务状况　　　　　　　　D. 近年完成的类似项目情况表

　　E. 联合体协议书

习题答案及解析

1. C	2. ACD	3. C	4. B	5. BCD
6. C	7. C	8. B	9. A	10. C
11. D	12. A	13. ABDE		

【解析】

1. C。由同一专业的单位组成的联合体，按照资质等级较低的单位确定资质等级。

5. BCD。"设计服务"包括：编制设计文件和设计概算、预算、提供技术交底、施工配合、参加竣工验收或发包人委托的其他服务。

9. A。国家发展改革委员会等九部委《标准勘察招标文件》和《标准设计招标文件》规定，勘察纲要或设计方案应包括下列内容：（1）勘察设计工程概况；（2）勘察设计范围及内容；（3）勘察设计依据及工作目标；（4）勘察设计机构设置及岗位职责；（5）勘察设计说明，勘察、设计方案；（6）拟投入的勘察设计人员；（7）勘察设备

（适用于勘察投标）；（8）勘察设计质量、进度、保密等保证措施；（9）勘察设计安全保证措施；（10）勘察设计工作重点和难点分析；（11）对本工程勘察设计的合理化建议等。

13．ABDE。申请人提供的资格预审申请文件应包括下列内容：（1）法定代表人身份证明或授权委托书；（2）联合体协议书；（3）申请人基本情况表；（4）近年财务状况；（5）近年完成的类似项目情况表；（6）正在施工和新承接的项目情况表；（7）近年发生的诉讼及仲裁情况；（8）其他材料。

第三节　工程勘察设计开标和评标

知识导学

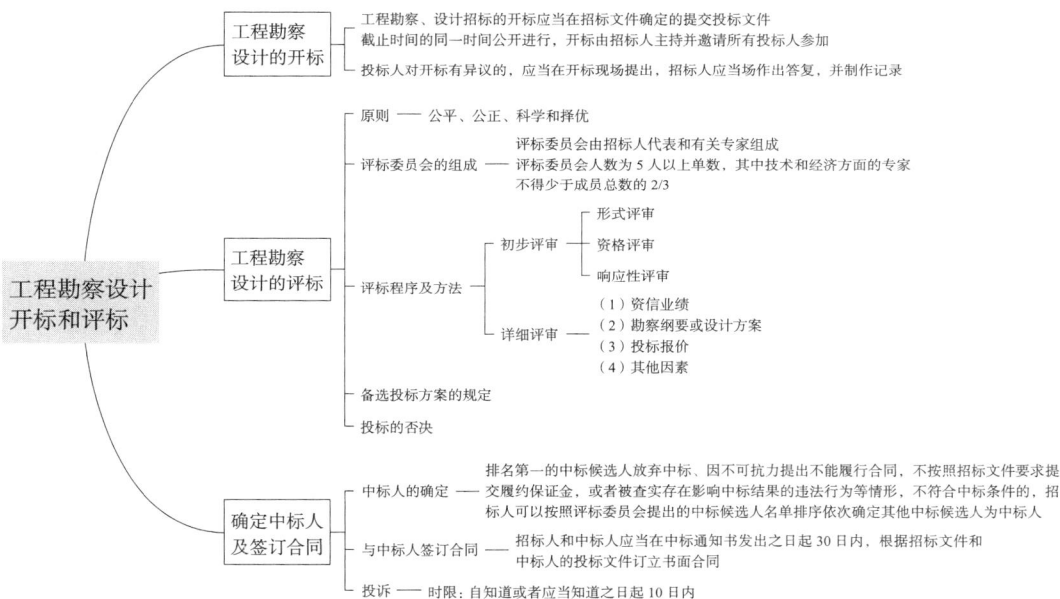

习题汇总

一、工程勘察设计的开标

1．（2020—8）关于工程勘察设计开标评标的说法，正确的是（　　）。

A．投标人在开标现场对开标提出的异议，招标人有权不予答复

B．评标委员会由招标人代表和有关专家组成，应为 5 人以上单数

C．开标应在招标文件确定的提交投标文件截止时间后的 3 日内进行

D．投标报价偏差率的计算方法应由评标委员会成员在评标时确定

二、工程勘察设计的评标

（一）评标委员会的组成

2.（2008—17）在评标委员会成员中，不能包括（　　）。

A．招标人代表
B．招标人上级主管代表

C．技术专家
D．经济专家

3．关于评标委员会成员组成，下列说法正确的是（　　）。

A．招标代表人 2 人，专家 6 人
B．招标代表人 2 人，专家 4 人

C．招标代表人 2 人，专家 3 人
D．招标代表人 2 人，专家 7 人

4．关于评标委员会成员的组成，下列说法不正确的是（　　）。

A．招标代表 3 人，技术专家 8 人

B．招标代表 2 人，经济专家 5 人

C．招标代表 5 人，技术专家 6 人

D．招标代表 4 人，经济专家 11 人

5．建筑工程设计方案评标时，建筑专业专家不得低于技术＋经济方面专家的（　　）。

A．1/3
B．3/2

C．1/2
D．2/3

（二）评标程序及方法

6．一般由（　　）对符合条件通过初审的投标文件，按照招标文件中规定的投标商务文件和技术文件的评价内容、因素和具体评分方法进行详细评审。

A．投标人推选的代表
B．评标委员会

C．总监理工程师
D．设计单位负责人

1．初步评审

7．（2021—26）根据《标准设计招标文件》，工程设计投标文件在初步评审阶段的评审内容是（　　）。

A．形式评审、设计方案评审、报价评审

B．形式评审、资格评审、响应性评审

C．资格评审、响应性评审、设计方案评审

D．资格评审、报价评审、设计方案评审

8．不属于初步评审阶段工作内容的是（　　）。

A．施工方案合理性评审
B．响应性评审

C．形式评审
D．资格评审

9．属于形式评审因素和评审标准的内容包括（　　）。

A．审查投标人的名称与营业执照是否一致

B．投标文件的格式是否合规

C．审查投标人营业执照和组织机构代码证

D．投标内容

E．投标函及投标函附录是否有法人代表的签字

10．属于资格评审因素和评审标准的有（　　）。

A．联合体投标人

B．审查投标人名称与资质证书是否一致

C．资质要求

D．质量标准

E．项目负责人

11．属于响应性评审因素和评审标准包括（　　）。

A．投标保证金　　　　　　　　B．审查投标报价

C．财务要求　　　　　　　　　D．业绩要求

E．勘察服务期限

2. 详细评审

12．（2021—30）根据《标准设计招标文件》，工程设计评标中发现有两家投标单位的综合评分相等时，应将（　　）的优先排序。

A．设计方案得分高　　　　　　B．设计资质等级高

C．投标报价低　　　　　　　　D．项目负责人业绩优

13．工程设计评标中，若两家投标单位综合评分、投标报价相等，以（　　）优先。

A．勘察纲要得分高的　　　　　B．设计方案得分低

C．评标办法前附表的规定　　　D．设计方案得分高

E．勘察纲要得分低的

14．工程设计评标中，若两家投标单位综合评分、投标报价、勘察纲要得分相等，按（　　）确定中标候选人的顺序。

A．保密性强　　　　　　　　　B．信誉良好

C．项目负责人资历高的　　　　D．评标办法前附表的规定

15．（2022—8）根据《标准勘察招标文件》，评标委员会成员对需要共同认定的事项存在争议的，评标结论应当（　　）作出。

A．征询招标人意见后　　　　　B．根据评标委员会负责人意见

C．由招标管理机构　　　　　　D．按照少数服从多数原则

（三）备选投标方案的规定

仅做了解即可。

（四）投标的否决

16．（2021—12）工程施工评标中，投标人竞标报价是否低于其成本，应当由（　　）认定。

A．招标人　　　　　　　　　　B．评标委员会

C．招标投标监督机构　　　　　D．市场监督管理机构

17. 下列投标人投标的情形中，评标委员会应当否决的有（   ）。

A. 投标人主动提出了对投标文件的澄清、修改

B. 联合体未提交共同投标协议

C. 投标人有行贿的行为

D. 投标文件未经投标人盖章和单位负责人签字

E. 投标文件未对招标文件的实质性要求和条件作出响应

三、确定中标人及签订合同

18. （2016—62）国有资金控股必须依法招标的项目，招标人可以选择排名第二的中标候选人为中标人的情形有（   ）。

A. 排名第一的中标候选人放弃中标

B. 排名第一的中标候选人因不可抗力提出不能履行合同

C. 招标人认为排名第一的中标候选人价格太高

D. 第一中标候选人未按招标文件要求提交履约保证金

E. 第一中标候选人未接受招标人提出缩短工期要求

19. 建设工程勘察的招标人根据评标委员会的书面评标报告和推荐的中标候选人确定中标人，评标委员会推荐的中标候选人应当限定在（   ），并标明排列顺序。

A. 3 人以上   B. 6 人以上

C. 6 人以下   D. 3 人以下

20. 招标人将于中标通知书发出后（   ）日内向未中标人支付技术成果经济补偿费。

A. 15   B. 10

C. 30   D. 5

21. 招标人应在收到评标委员会的评标报告之日起（   ）内，按照投标人须知前附表规定的公示媒介和期限公式中标候选人。

A. 1 日   B. 6 日

C. 9 日   D. 3 日

22. 招标人和中标人应当在中标通知书发出之日起（   ）日内，根据招标文件和中标人的投标文件订立书面合同。

A. 10   B. 15

C. 30   D. 5

23. 投标人认为招标投标活动不符合行政法规规定的，自应当知道之日起（   ）日内向有关行政监督部门投诉。

A. 5   B. 10

C. 15   D. 30

习题答案及解析

1．B	2．B	3．D	4．C	5．D
6．B	7．B	8．A	9．ABE	10．ACE
11．ABE	12．C	13．AD	14．D	15．D
16．B	17．BCDE	18．ABD	19．D	20．C
21．D	22．C	23．B		

【解析】

2．B。评标委员会由招标人代表和有关专家组成。

3．D。评标委员会由招标人或其委托的招标代理机构熟悉相关业务的代表，以及有关技术、经济等方面的专家组成，成员人数为 5 人以上单数，其中技术、经济等方面的专家不得少于成员总数的 2/3。

6．B。根据《建设工程勘察设计管理条例》，建设工程勘察设计评标，应当以投标人的业绩、信誉和勘察、设计人员的能力以及勘察、设计方案的优劣为依据综合评定，通常采用综合评估法。评标分为初步评审和详细评审两个阶段：由评标委员会先进行初步评审，对符合条件通过初审的投标文件，按照招标文件中规定的投标商务文件和技术文件的评价内容、因素和具体评分方法进行详细评审。

8．A。初步评审分为形式评审、资格评审、响应性评审、施工组织设计和项目管理机构评审标准。

18．ABD。排名第一的中标候选人放弃中标、因不可抗力提出不能履行合同，不按照招标文件要求提交履约保证金，或者被查实存在影响中标结果的违法行为等情形，不符合中标条件的，招标人可以按照评标委员会提出的中标候选人名单排序依次确定其他中标候选人为中标人。

第一节　工程施工招标方式和程序

知识导学

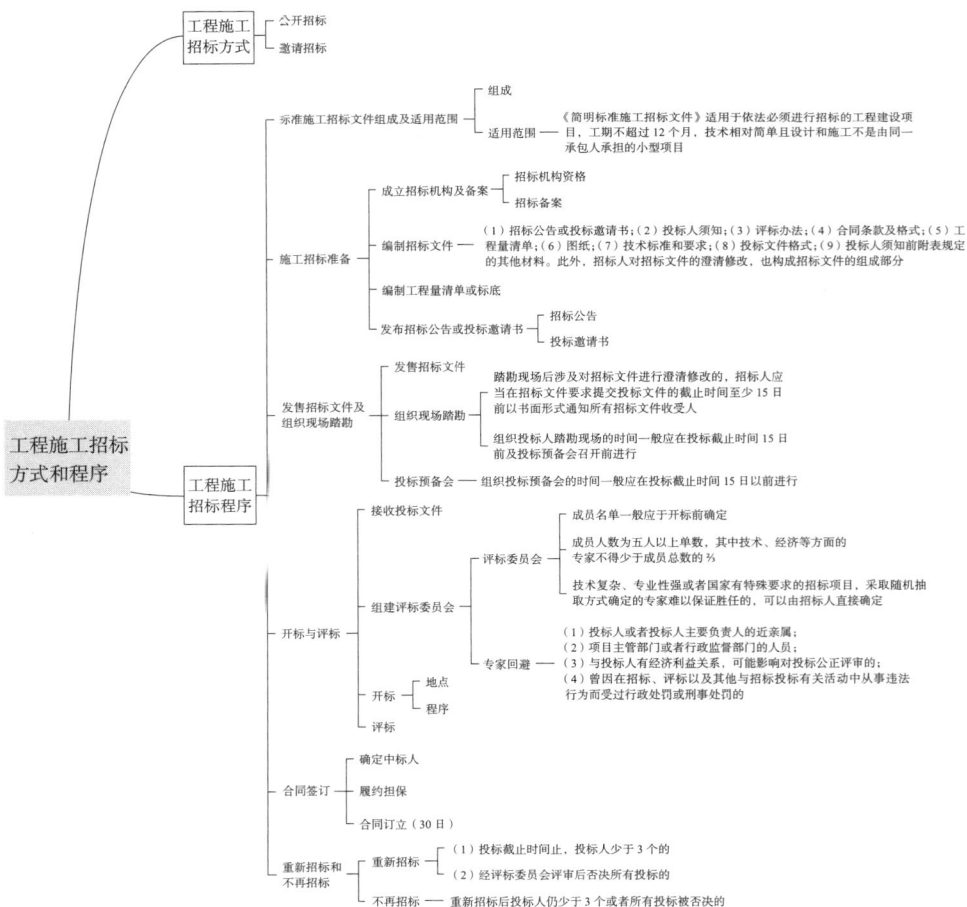

习题汇总

一、工程施工招标方式

1.（2003—60）《招标投标法》规定的招标方式包括（　　）。

A．公开招标
B．询价比较招标

C．直接发包
D．邀请招标

E．议标

2.（2009—60）公开招标和邀请招标的区别包括（　　）。

A．对投标人资质的要求不同
B．竞争程度不同

C．招标费用不同
D．邀请投标人的方式不同

E．评标工作量不同

3．为了保障建筑市场的公开公平竞争，通常应采用（　　）。

A．分阶段招标
B．邀请招标

C．公开招标
D．电子招标

4．对于技术复杂、有特殊要求或者受自然环境限制，只有少量潜在投标人可供选择的，可以进行（　　）。

A．分阶段招标
B．电子招标

C．邀请招标
D．一次性总体招标

（一）公开招标

5.（2001—15）公开招标与邀请招标，在招标程序上的主要差异之一表现为是否（　　）。

A．编制招标文件
B．进行资格预审

C．进行公开开标
D．组织现场考察

6.（2008—15）与邀请招标相比，公开招标的特点是（　　）。

A．竞争程度低
B．评标工作量小

C．招标时间长
D．费用低

7．属于公开招标的缺点是（　　）。

A．申请投标人少
B．不了解投标人以往的业绩

C．可选择的范围小
D．评标的工作量大

8．属于公开招标的优点是（　　）。

A．投标竞争激烈
B．可选择的范围小

C．评标工作量小
D．对投标人的履约能力了解

（二）邀请招标

9.（2003—59）邀请招标与公开招标比较，具有（　　）等优点。

A．竞争更激烈
B．不需设置资格预审程序

C. 节省招标费用　　　　　　　　　　D. 节省招标时间

E. 减少承包方违约的风险

10.（2004—58）招标方式中，邀请招标与公开招标比较，其缺点主要有（　　）。

A. 选择面窄，排斥了某些有竞争实力的潜在投标人

B. 竞争的激烈程度相对较差

C. 招标时间长

D. 招标费用高

E. 评标工作量较大

11. 邀请招标的优点是（　　）。

A. 对投标人以往的业绩和履约能力比较了解，减少了合同履行过程中承包方违约的风险

B. 投标竞争的激烈程度相对较小

C. 招标人可以在较广的范围内选择中标人

D. 有利于将工程项目的建设交予可靠的中标人实施并取得有竞争性的报价

E. 不需要发布招标公告和设置资格预审程序，节约费用和节省时间

二、工程施工招标程序

（一）标准施工招标文件组成及适用范围

12.（2019—57）《简明标准施工招标文件》适用的项目有（　　）。

A. 小型项目

B. 设计和施工由同一承包人承担的项目

C. 技术要求复杂的项目

D. 工期不超过 12 个月的项目

E. 对施工阶段有较高的管理和协调能力要求的项目

13.（2020—56）根据《标准施工招标文件》，组成施工招标文件的有（　　）。

A. 投标人须知　　　　　　　　　　B. 发包人要求

C. 图纸及工程量清单　　　　　　　　D. 合同条款及格式

E. 技术标准和要求

14.（2020—26）《简明标准施工招标文件》的适用对象是（　　）。

A. 设计和施工由同一承包人承担的工程

B. 总投资为 9000 万元的非政府投资工程

C. 工期为 10 个月的小型工程

D. 工期紧、技术难度大的工程

15.《简明标准施工招标文件》适用于依法必须进行招标的工程建设项目，工期不超过（　　）个月、技术相对简单且设计和施工不是由同一承包人承担的小型项目。

A. 12　　　　　　　　　　　　　　B. 15

C. 18   D. 24

（二）施工招标准备

1. 成立招标机构及备案

16.（2005—60）按照《招标投标法》的要求，招标人如果自行办理招标事宜，应具备的条件包括（　　）。

A. 有编制招标文件的能力   B. 已发布招标公告

C. 具有开标场地   D. 有组织评标的能力

E. 已委托公证机关公证

17.（2010—58）招标人向建设行政主管部门申请办理招标手续时，所提供的招标备案文件应说明的情况有（　　）。

A. 招标工作范围   B. 对投标人的资质要求

C. 招标公告   D. 资格预审条件

E. 招标方式和计划工期

2. 编制招标文件

18.（2019—13）根据《标准施工招标文件》，属于施工招标文件主要内容的是（　　）。

A. 资格预审公告   B. 申请人须知

C. 招标公告   D. 资格审查办法

19.（2021—16）根据《标准施工招标文件》，施工评标办法应在（　　）中明确规定。

A. 招标文件   B. 招标公告

C. 资格预审文件   D. 资格预审公告

3. 编制工程量清单或标底

20.（2020—10）某工程，施工招标时设有标底，则编制标底依据的文件有（　　）。

A. 工程量清单   B. 承包人的施工方案

C. 发包人要求的项目功能文件   D. 发包人提供的设计任务书

21. 招标人的绝密资料是（　　），在开标前不能向任何无关人员泄露。

A. 投标邀请书   B. 工程量清单

C. 标底   D. 招标公告

22. 关于标底，下列说法正确的是（　　）。

A. 标底等于合同价格

B. 标底等于工程的概算

C. 标底是由招标人组织专门人员为准备招标的工程计算出的一个合理的基本价格

D. 标底等于工程的预算

4. 发布招标公告或投标邀请书

23. 招标公告适用于进行资格预审的招标公告内容包括（　　）、发布公告的媒介和联系方式等内容。

A．招标条件

B．项目概况与招标范围

C．投标人资格要求

D．招标文件的获取、投标文件的递交

E．投标报价

（三）组织资格审查

24．招标人应当按照资格预审公告规定的时间、地点发售资格预审文件。给潜在投标人准备资格预审文件的时间应不少于（　　）日。

A．2　　　　　　　　　　　　　　B．5

C．3　　　　　　　　　　　　　　D．7

（四）发售招标文件及组织现场踏勘

25．（2020—13）招标人组织施工现场踏勘后，需要对招标文件进行澄清修改的，招标人应在招标文件要求提交投标文件的截止时间至少（　　）日前，以书面形式通知所有招标文件收受人。

A．2　　　　　　　　　　　　　　B．5

C．10　　　　　　　　　　　　　D．15

26．（2021—13）根据《标准施工招标文件》，投标预备会应在投标截止时间（　　）日前召开。

A．5　　　　　　　　　　　　　　B．7

C．10　　　　　　　　　　　　　D．15

27．组织投标人踏勘现场的时间一般应在投标截止时间（　　）日前及投标预备会召开前进行。

A．5　　　　　　　　　　　　　　B．10

C．15　　　　　　　　　　　　　D．20

28．（2022—56）根据《标准施工招标文件》，关于招标阶段组织现场踏勘的说法，正确的有（　　）。

A．招标人应鼓励投标人自主完成现场踏勘

B．投标人应自行承担踏勘现场所发生的费用

C．招标人应为任何原因导致投标人踏勘现场中所发生的人员伤亡负责

D．招标人踏勘现场时可以介绍工地情况，供投标人参考

E．招标人应在投标截止时间15日前组织现场踏勘

（五）开标与评标

29．（2010—13）公开招标时，下列对投标人提供的文件进行评审的内容中，不属于评标委员会评审内容的是（　　）。

A．投标文件的符合性鉴定　　　　　B．投标人的资格预审

C．商务标评审　　　　　　　　　　D．技术标评审

30．（2022—9）某工程施工招标时，评标委员会成员拟由9人组成，根据《招标投标法》，其中技术、经济等方面的专家应不少于（　　）人。

A．4　　　　　　　　　　　　　　B．5

C．6　　　　　　　　　　　　　　D．7

31．（2021—78）关于施工招标中开标工作的说法，正确的有（　　）。

A．开标时应宣布投标人名称

B．开标时宣布各投标人报价

C．设有标底的，开标时应公布标底

D．开标时应对投标报价进行排序

E．开标时应宣布评标委员会成员选取办法

32．（2015—60）根据《标准施工招标文件》，不应作为评标委员会专家的人员有（　　）。

A．招标人代表　　　　　　　　　B．招标工程项目主管部门代表

C．行政监督部门代表　　　　　　D．投标人参股公司的代表

E．总监理工程师

33．（2017—16）建设工程项目施工评标委员会人数应为5人以上单数，其中技术、经济等方面的专家不得少于总人数的（　　）。

A．1/2　　　　　　　　　　　　　B．1/3

C．2/3　　　　　　　　　　　　　D．3/4

34．（2018—14）关于评标委员会的说法，正确的是（　　）。

A．评标委员会成员的名单应当保密

B．评标委员会成员的名单应当在开标后确定

C．评标委员会中的技术专家不得多于成员总数的2/3

D．评标委员会中的专家一律采取随机抽取的方式确定

35．（2019—19）依法必须招标项目，评标委员会成员人数组成应当至少为（　　）。

A．三人以上单数　　　　　　　　B．四人以上

C．五人以上单数　　　　　　　　D．七人以上单数

36．（2021—19）对于技术复杂、专业性强的招标项目，从专家库中随机抽取的评标专家难以保证胜任评标工作的，可以由（　　）直接确定评标专家。

A．招标投标监督机构　　　　　　B．上级主管部门

C．招标代理机构　　　　　　　　D．招标人

37．常用的评标方法分为（　　）。

A．经评审的最低投标价法　　　　B．综合评估法

C．调查打分法　　　　　　　　　D．计划评审技术法

E．敏感性分析法

38．评标专家应当从事相关专业领域工作满（　　）并且具有高级职称，才能满足

评标专家的条件。

  A．3 年   B．5 年

  C．10 年   D．8 年

39．（2022—57）根据《标准施工招标文件》，工程施工招标的开标记录表应记录的内容有（   ）。

  A．投标人资质   B．投标保证金

  C．履约保证金   D．投标报价

  E．质量目标

（六）合同签订

40．（2020—11）根据《标准施工招标文件》中的通用合同条款，施工合同签订前，中标人应按招标文件规定向招标人提交的凭证是（   ）。

  A．投标保证金凭证   B．预付款担保凭证

  C．履约担保凭证   D．质量管理体系认证文件

41．招标人和中标人应当在投标有效期内以及中标通知书发出之日起（   ）日之内，根据招标文件和中标人的投标文件订立书面合同。

  A．15   B．30

  C．45   D．60

42．（2022—11）某政府投资项目，采用公开招标方式选择施工承包商，招标文件规定的开标日为 2021 年 6 月 1 日，投标有效期至 2021 年 8 月 30 日止。该项目如期开标并于 2021 年 6 月 7 日完成评标，6 月 11 日向中标人发出中标通知书，则招标人与中标人最迟应在 2021 年（   ）订立书面合同。

  A．6 月 27 日   B．7 月 11 日

  C．8 月 1 日   D．8 月 30 日

43．（2022—10）某施工项目，单位甲和单位乙组成联合体投标，其中单位甲投入编制投标文件人手多，单位乙承担投标施工项目工作量大，则该联合体投标后，其履约担保应由（   ）递交。

  A．单位甲   B．单位乙

  C．单位甲乙共同   D．联合体牵头单位

44．评标委员会一般按照择优的原则推荐（   ）中标候选人。

  A．3 名以下   B．5 名以下

  C．5 名以上单数   D．3 名以上

（七）重新招标和不再招标

45．（2015—57）根据《标准施工招标文件》，应当进行重新招标的情形有（   ）。

  A．投标截止时间后招标人不同意开标的

  B．投标截止时间止，投标人少于 3 家的

  C．投标人投诉中标人的

D. 经评标委员会评审后否决所有投标的

E. 招标人不接受评标评审结果的

46. 招标人在分析招标失败的原因并采取相应措施后，应当依法重新招标的情形包括（　　）。

A. 经评标委员会评审后否决部分投标的

B. 投标截止时间止，投标人为 5 个的

C. 投标截止时间止，投标人为 1 个的

D. 投标截止时间止，投标人为 2 个的

E. 经评标委员会评审后否决所有投标的

47.（2021—67）根据《标准施工招标文件》，招标人需重新招标的情形有（　　）。

A. 招标人在投标截止日前对招标文件内容作出修改

B. 至投标截止时间共有 2 家单位投标

C. 开标时发现所有投标人报价均高于标底

D. 评标委员会成员中有投标人的近亲

E. 所有投标人的投标经评标委员会评审后均被否决

习题答案及解析

1. AD	2. BCDE	3. C	4. C	5. B
6. C	7. D	8. A	9. BCDE	10. AB
11. AE	12. AD	13. ACDE	14. C	15. A
16. AD	17. ABE	18. C	19. A	20. A
21. C	22. C	23. ABCD	24. B	25. D
26. D	27. C	28. BD	29. B	30. C
31. ABC	32. ABCD	33. C	34. A	35. C
36. D	37. AB	38. D	39. BDE	40. C
41. B	42. B	43. D	44. A	45. BD
46. CDE	47. BE			

【解析】

1. AD。施工招标可分为公开招标和邀请招标两种方式。

2. BCDE。公开招标，招标人通过新闻媒体发布招标公告，凡具备相应资质符合招标条件的法人或组织，不受地域和行业限制均可申请投标。公开招标的优点是：招标人可以在较广的范围内选择中标人，投标竞争激烈，公开招标的缺点：评标的工作量也较大，所需招标费用高。邀请招标，招标人向预先选择的若干具备相应资质、符合招标条件的法人或组织发出邀请函，将招标工程的概况、工作范围和实施条件等作出简要说明，邀请他们参加投标竞争。可节约费用。为了体现公平竞争和便于招标人

选择综合能力最强的投标人中标，仍要求在投标书内报送表明投标人资质能力的有关证明材料，作为评标时的评审内容之一（通常称为资格后审）。缺点：投标竞争的激烈程度相对较小。

5．B。公开招标的优点是，招标人可以在较广的范围内选择中标人，投标竞争激烈，有利于将工程项目交予可靠的中标人实施并取得有竞争性的报价。缺点是由于申请投标人较多，一般要设置资格预审程序，所需招标时间长、费用高。而邀请招标的优点是不需要发布招标公告和设置资格预审程序，节约费用和节省时间等。缺点是由于邀请范围较小，选择面窄，因此投标竞争激烈程度相对较小。

9．BCDE。邀请招标的优点是不需要发布招标公告和设置资格预审程序，节约费用和节省时间；由于对投标人以往的业绩和履约能力比较了解，减小了合同履行过程中承包方违约的风险。

10．AB。邀请招标的缺点是，由于邀请的范围较小选择面窄，可能排斥了某些在技术或报价上有竞争实力的潜在投标人，因此投标竞争的激烈程度相对较小。

12．AD。简明标准施工招标文件适用于工期不超过 12 个月、技术相对简单且设计和施工不是由同一承包人承担的小型项目。

13．ACDE。《标准施工招标文件》包括封面格式和四卷八章内容，其中，第一卷包括第一章至第五章，涉及招标公告（投标邀请书）、投标人须知、评标办法、合同条款及格式、工程量清单等内容；第二卷由第六章图纸组成；第三卷由第七章技术标准和要求组成；第四卷由第八章投标文件格式组成。

16．AD。招标人如具有与招标项目规模和复杂程度相适应的技术、经济等方面的专业人员，具有编制招标文件和组织评标的能力的，可自行组织招标。

17．ABE。招标人向建设行政主管部门办理申请招标手续。招标备案文件应说明：招标工作范围；招标方式；计划工期；对投标人的资质要求；招标项目的前期准备工作的完成情况；自行招标还是委托代理招标等内容。在 2021 年度的考试中，同样对本题涉及的采分点进行了考查。

18．C。招标文件的组成包括：（1）招标公告或投标邀请书；（2）投标人须知；（3）评标办法；（4）合同条款及格式；（5）工程量清单；（6）图纸；（7）技术标准及要求；（8）投标文件格式；（9）投标人须知前附表规定的其他材料。

20．A。工程量清单是载明建设工程分部分项工程项目、措施项目、其他项目的名称和相应数量以及规费、税金项目等内容的明细清单。标底是由招标人组织专门人员为准备招标的工程计算出的一个合理的基本价格。

25．D。踏勘现场后涉及对招标文件进行澄清修改的，招标人应当在招标文件要求提交投标文件的截止时间至少 15 日前以书面形式通知所有招标文件收受人。

28．BD。招标人在投标人须知说明的时间统一组织投标人进行施工现场踏勘。故 A 选项错误。投标人承担自己踏勘现场发生的费用。故 B 选项正确。除招标人的原因外，投标人自行负责在踏勘现场中所发生的人员伤亡和财产损失。故 C 选项错误。招标人在踏勘现场中介绍的工程场地和相关的周边环境情况，供投标人在编制投标文件时参考，招标人不对投标人据此作出的判断和决策负责。故 D 选项正确。组织投标人踏勘现场的时间一般应在投标截止时间 15 日前及投标预备会召开前进行。故 E 选项不严谨。

29．B。评标委员会的评审内容包括：符合性鉴定；技术标评审；商务标评审；资格审查（后审）。

32．ABCD。评标委员会成员有下列情形之一的，应当回避：（1）投标人或者投标人主要负责人的近亲属；（2）项目主管部门或者行政监督部门的人员；（3）与投标人有经济利益关系，可能影响对投标公正评审的；（4）曾因在招标、评标以及其他与招标投标有关活动中从事违法行为而受过行政处罚或刑事处罚的。评标委员会由招标人或其委托的招标代理机构熟悉相关业务的代表，以及有关技术、经济等方面的专家组成，招标人代表为评标委员会的组成人员，不应作为评标委员会的专家。

33．C。评标委员会由招标人或其委托的招标代理机构熟悉相关业务的代表，以及有关技术、经济等方面的专家组成，成员人数为五人以上单数，其中技术、经济等方面的专家不得少于成员总数的 2/3。

40．C。在签订合同前，中标人应按招标文件中规定的金额、担保形式和履约担保格式向招标人提交履约担保。

42．B。招标人和中标人应当在投标有效期内以及中标通知书发出之日起 30 日之内，根据招标文件和中标人的投标文件订立书面合同。

43．D。联合体中标的，其履约担保由牵头人递交，并应符合招标文件规定的金额、担保形式和招标文件规定的履约担保格式要求。

45．BD。招标过程中出现下列情形之一时，招标人应当重新招标：（1）投标截止时间止，投标人少于 3 个；（2）经评标委员会评审后否决所有投标的。在 2021 年度的考试中，同样对本题涉及的采分点进行了考查。

第二节 投标人资格审查

知识导学

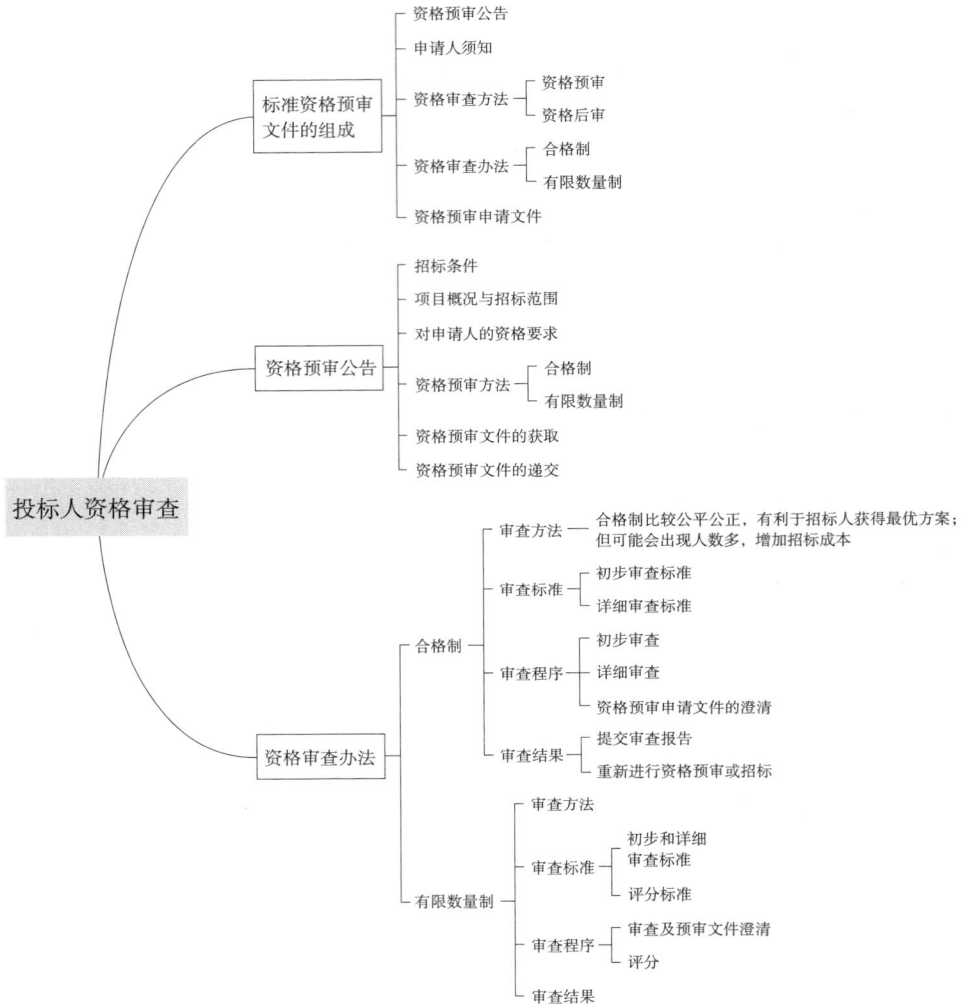

习题汇总

一、标准资格预审文件的组成

1.（2021—25）关于施工投标人资格预审和资格后审的说法，正确的是（　　）。

A. 资格预审适用于邀请招标方式

B. 资格后审适用于投标人数量较多的情形

C. 鼓励同时采用资格预审和资格后审

D. 资格预审与资格后审的审查内容一致

2.（2021—51）工程施工投标资格预审公告包括的内容有（　　）。

A．招标条件　　　　　　　　　　　　B．项目概况与招标范围

C．资格预审方法　　　　　　　　　　D．申请人资格要求

E．投标保证金要求

3．资格预审不适合于（　　）。

A．具有单件性特点，且投标文件编制费用较高的招标项目

B．具有单件性特点，且技术难度较大的招标项目

C．潜在投标人数量不多的通用性、标准化项目

D．具有单件性特点，且潜在投标人数量较多的招标项目

4．资格审查分为资格预审和资格后审两种。其中，资格后审适合于（　　）。

A．具有单件性特点，且技术难度较大的招标项目

B．具有单件性特点，且潜在投标人数量较多的招标项目

C．潜在投标人数量不多的通用性、标准化项目

D．具有单件性特点，且投标文件编制费用较高的招标项目

二、资格预审公告

5．（2022—12）施工招标中，对投标申请人资格预审可采用的方法是（　　）。

A．合格制和淘汰制　　　　　　　　　B．有限数量制和淘汰制

C．资质合格制和有限数量制　　　　　D．合格制和有限数量制

三、资格审查办法

6．（2020—12）资格预审时，对投标人资格审查采用打分量化的方法是（　　）。

A．有限数量制法　　　　　　　　　　B．合格制法

C．标准化法　　　　　　　　　　　　D．综合记分法

7．投标人资格审查办法可以采用合格制或有限数量制中的一种，其中，合格制的特点包括（　　）。

A．比较公平、公正

B．有利于招标人获得最优方案

C．通过资格预审的申请人不超过资格预审须知说明的数量

D．可能会出现人数多，增加招标成本

E．方便对预审申请文件进行量化打分

8．采用合格制的，初步审查的因素一般包括（　　）。

A．申请文件的格式　　　　　　　　　B．联合体申请人

C．资格预审申请文件的证明材料　　　D．申请函的签字盖章

E．项目经理资格

9．（2022—58）关于施工招标中对将投标申请人资格预审申请文件澄清和说明的

说法，正确的有（　　）。

    A．对资格预审申请文件要求澄清和说明的通知应发给所有申请人

    B．申请人的澄清不得改变资格预审申请文件的实质性内容

    C．申请人的澄清和说明内容属于资格预审申请文件的组成部分

    D．招标人和审查委员会应拒绝申请人主动提出的澄清和说明

    E．申请人可以主动提出资格预审申请文件的澄清或说明

习题答案及解析

1. D	2. ABCD	3. C	4. C	5. D
6. A	7. ABD	8. ABCD	9. BCD	

【解析】

6．A。有限数量制法：审查委员会依据资格预审文件中审查办法（有限数量制度）规定的审查标准和程序，对通过初步审查和详细审查的资格预审申请文件进行量化打分，按得分由高到低的顺序确定通过资格预审的申请人。

9．BCD。在审查过程中，审查委员会可以用书面形式要求申请人对所提交的资格预审申请文件中不明确的内容进行必要的澄清或说明。申请人的澄清或说明应采用书面形式，并不得改变资格预审申请文件的实质性内容。申请人的澄清和说明内容属于资格预审申请文件的组成部分。招标人和审查委员会不接受申请人主动提出的澄清或说明。故 B、C、D 选项正确。

第三节　施工评标办法

知识导学

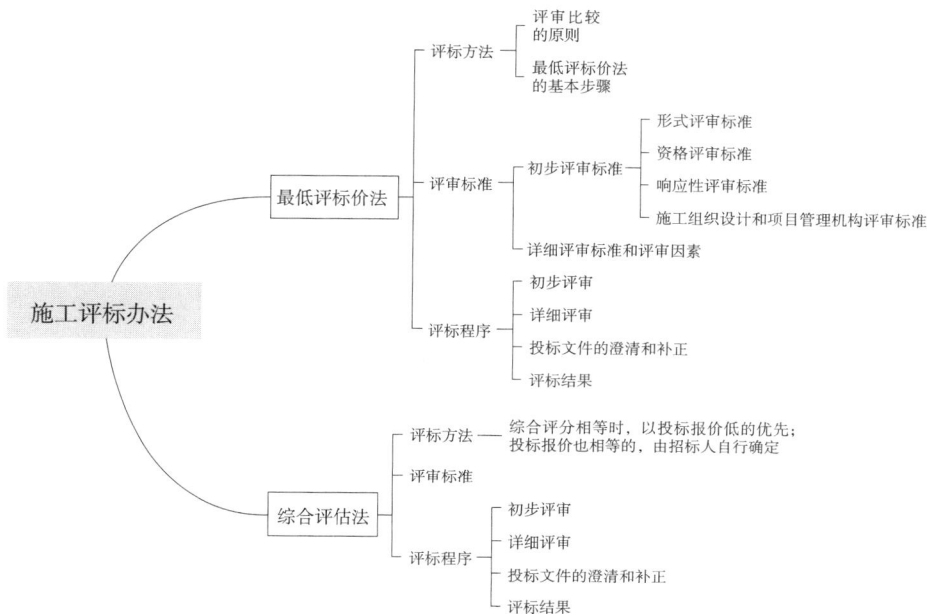

习题汇总

一、最低评标价法

1.（2016—18）施工评标过程中，发现投标报价大写金额与小写金额不一致时，评标委员会正确的处理办法是（　　）。

A. 以小写金额为准修正投标报价并经投标人书面确认

B. 以大写金额为准修正投标报价并经投标人书面确认

C. 由投标人书面澄清，按大写或按小写来计算投标报价

D. 将该投标文件直接作废标处理

2.（2022—59）根据《标准施工招标文件》，关于投标报价算术错误处理的说法，正确的有（　　）。

A. 投标文件中大写金额与小写金额不一致的，以大写金额为准

B. 依据单价计算结果与总价金额不一致的，以总价金额为准

C. 评标委员会对发现算术错误的报价可直接修正，并对投标人有约束力

D. 投标文件中发现报价金额小数点有明显错误的，应予否决投标

E. 投标人不接受对其投标报价的算术错误进行修正的，应予否决投标

3.（2020—59）根据《标准施工招标文件》，评标委员会对投标报价进行的响应性

评审内容有（　　）。

A．投标文件格式

B．投标有效期

C．投标保证金

D．已标价工程量清单

E．安全生产许可证

4．（2020—57）根据《标准施工招标文件》，施工评标中，对施工组织设计和项目管理机构的评审内容包括（　　）。

A．施工方案与技术措施

B．质量、安全、环境保护管理体系与措施

C．工程进度计划、资源配置计划

D．技术负责人及主要管理人员配置

E．工程投资绩效评审方案

5．（2020—9）某工程，施工招标文件规定的评标方法为最低评标价法。现有三家单位投标，甲投标报价6050万元，评标价6000万元；乙投标报价6200万元，评标价5950万元；丙投标报价5950万元，评标价6050万元，则中标单位及签约合同价分别为（　　）。

A．乙，5950万元

B．乙，6200万元

C．丙，5950万元

D．丙，6050万元

6．（2021—9）对于具有通用技术和性能标准、大多数施工单位均能承担的施工项目，宜采用的评标方法是（　　）。

A．经评审的最低投标价法

B．有限数量评审法

C．最低投标价法

D．综合评估法

7．（2021—59）根据《标准施工招标文件》，采用经评审的最低投标价法评标时，初步评审的标准有（　　）。

A．资格评审标准

B．形式评审标准

C．施工组织设计评审标准

D．付款条件评审标准

E．项目管理机构评审标准

8．某工程项目进行招标，有4家单位通过资格审查，单位①的评标价为1500万元，单位②的评标价为1550万元，单位③的评标价为1450万元，单位④的评标价为1400万元。采用最低投标价法评标，则中标单位为（　　）。

A．单位①

B．单位②

C．单位③

D．单位④

9．某施工项目招标，评标排名前2位的投标人为甲、乙。甲的投标报价为3100万元，评标价为3090万元。乙的投标报价为2930万元，评标价为3100万元。采用最低评标价法评标，则中标单位和中标价格分别为（　　）。

A．甲，3100万元

B．甲，3090万元

C．乙，2930万元

D．乙，3100万元

10．根据《标准施工招标文件》，评标委员会发现投标报价有算术错误时，正确的处理方式是（　　）。

　　A．视投标书不符合评审标准，否认其投标

　　B．对投标报价进行修正，修正价格须经投标人书面确认

　　C．直接按投标人的总报价评审，后果由投标人承担

　　D．要求投标人当场重新报价，按新报价评审

　　11．形式评审标准包括（　　）。

　　A．投标函的签字盖章　　　　　　　　B．投标报价的唯一性

　　C．投标人的名称　　　　　　　　　　D．投标内容

　　E．投标文件的格式

　　12．资格评审标准包括（　　）。

　　A．安全生产许可证　　　　　　　　　B．财务状况

　　C．营业执照　　　　　　　　　　　　D．工程质量

　　E．技术标准

　　13．采用最低评标价法进行评标的评标报告应当如实记载的内容包括（　　）。

　　A．评标委员会成员名单　　　　　　　B．开标记录

　　C．符合要求的投标一览表　　　　　　D．评标方法或者评标因素一览表

　　E．投标保函

二、综合评估法

　　14．（2022—13）某大型复杂工程，施工技术要求高，对性能有特殊要求，则施工招标适宜采用的评标方法是（　　）。

　　A．综合评估法　　　　　　　　　　　B．综合评标价法

　　C．最低评标价法　　　　　　　　　　D．最低投标价法

　　15．（2021—4）采用综合评估法评标时，应根据投标人报价和（　　）计算投标报价偏差率。

　　A．投标限价　　　　　　　　　　　　B．评标基准价

　　C．最低评标价　　　　　　　　　　　D．投标平均价

　　16．施工评标中，综合评估法分为（　　）。

　　A．详细评审因素和项目负责人评分标准

　　B．资格评审因素和评审标准

　　C．响应性评审因素和评审标准

　　D．施工组织设计评分因素和评分标准

　　E．形式评审因素和评审标准

　　17．（2022—14）工程施工评标中，有两家不同报价的投标单位综合评分相等时，根据《标准施工招标文件》，应将（　　）排名靠前。

　　A．投标报价低的单位

B. 资质等级高的单位

C. 施工组织设计得分高的单位

D. 对招标人提出较多优惠条件的单位

18. 施工组织设计和项目管理机构评审内容包括（   ）；资源配备计划；技术负责人；其他主要人员；施工设备；试验、检测仪器设备等。

A. 施工方案与技术措施　　　　　　　B. 已标价工程量清单

C. 环境保护管理体系与措施　　　　　D. 质量管理体系与措施

E. 工程进度计划与措施

习题答案及解析

1. B	2. AE	3. BCD	4. ABCD	5. B
6. A	7. ABCE	8. D	9. A	10. B
11. ABCE	12. ABC	13. ABCD	14. A	15. B
16. BCDE	17. A	18. ACDE		

【解析】

1. B。投标文件中的大写金额与小写金额不一致的，以大写金额为准；总价金额与依据单价计算出的结果不一致的，以单价金额为准修正总价，但单价金额小数点有明显错误的除外。

2. AE。投标报价有算术错误的，评标委员会按以下原则对投标报价进行修正，修正的价格经投标人书面确认后具有约束力。投标人不接受修正价格的，应当否决该投标人的投标。（1）投标文件中的大写金额与小写金额不一致的，以大写金额为准；（2）总价金额与依据单价计算出的结果不一致的，以单价金额为准修正总价，但单价金额小数点有明显错误的除外。

3. BCD。根据《标准施工招标文件》，响应性评审的因素一般包括投标内容、工期、工程质量、投标有效期、投标保证金、权利义务、已标价工程量清单、技术标准和要求等。

4. ABCD。施工组织设计和项目管理机构评审的因素一般包括施工方案与技术措施、质量管理体系与措施、安全管理体系与措施、环境保护管理体系与措施、工程进度计划与措施、资源配备计划、技术负责人、其他主要成员、施工设备、试验和检测仪器设备等。

14. A。综合评估法一般适用于招标人对招标项目的技术、性能有专门要求的招标项目。

17. A。评标委员会对满足招标文件实质性要求的投标文件，按照评标办法中表所列的分值构成与评分标准规定的评分标准进行打分，并按得分由高到低顺序推荐中标候选人，或根据招标人授权直接确定中标人，但投标报价低于其成本的除外。综合评分相等时，以投标报价低的优先；投标报价也相等的，由招标人自行确定。

第四节 工程总承包招标

知识导学

```
                    ┌─ 标准设计施工总承包招标文件组成及适用范围
工程总承包招标 ─────┤
                    └─ 工程总承包招标程序 ── 工程总承包招标程序与施工招标程序基本相同
```

习题汇总

1.（2021—18）根据《标准设计施工总承包招标文件》中的投标人须知，投标人项目组织机构中应具有工程设计类注册执业资格的人员是指（   ）。

A．设计负责人   B．设计专业负责人

C．项目经理   D．项目技术负责人

2．根据《标准施工招标文件》，施工总承包招标文件的主要内容包括（   ）。

A．招标公告或投标邀请书   B．评标委员会成员

C．资格预审公告   D．发包人要求

E．招标人对招标文件的澄清、修改

3．（2022—16）招标人按照投标人须知前附表要求，对于符合招标文件规定的未中标人的设计成果给予补偿后，关于该设计成果使用的说法，正确的是（   ）。

A．招标人应保护未中标人知识产权且不得使用其设计成果

B．招标人有权免费使用未中标人的设计成果

C．应由中标人与未中标人协商使用其设计成果的许可和费用

D．中标人应邀请未中标人加入其设计团队并使用未中标人的设计成果

4．设计施工总承包合同订立文件中，发包人的技术要求包括（   ）。

A．设计标准和规范   B．技术标准和要求

C．质量标准   D．设计、施工和设备监造、试验

E．性能保证指标

习题答案及解析

1．A   2．ADE   3．B   4．ABCD

【解析】

1．A。投标人资格要求：项目经理应当具备工程设计类或者工程施工类注册执业资格，设计负责人应当具备工程设计类注册执业资格。

3．B。设计成果补偿：招标人对符合招标文件规定的未中标人的设计成果进行补偿的，按投标人须知前附表规定给予补偿，并有权免费使用未中标人设计成果等。

第四章

建设工程材料设备采购招标

第一节　材料设备采购招标特点及报价方式

知识导学

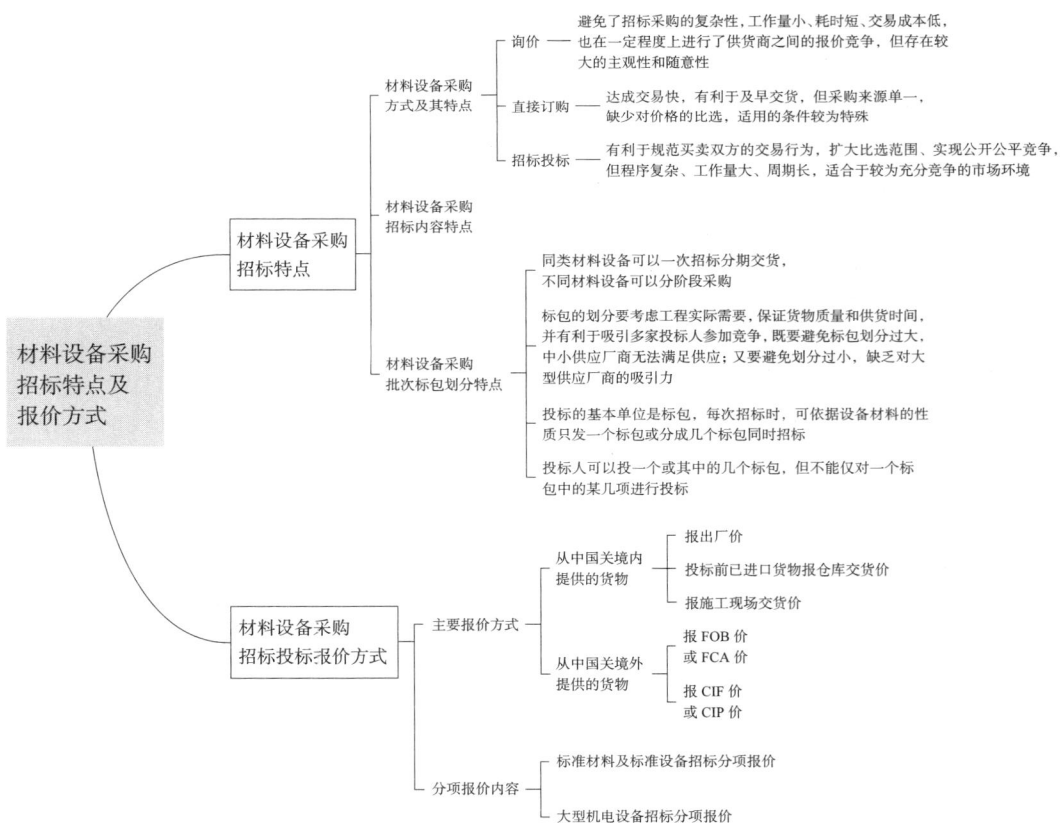

习题汇总

一、材料设备采购招标特点

（一）材料设备采购方式及其特点

1.（2020—15）与直接询价方式选择材料供应商相比，采用招标方式选择材料供应商的特点是（　　）。

A．交易成本低
B．采购工作量小
C．采购工作周期长
D．便于磋商价格

2.（2021—15）直接订购方式适用于采购（　　）的设备。

A．贵重
B．进口
C．交货周期短
D．单一来源

3.（2022—17）施工单位采购大宗建筑材料，与材料供货商签订的合同属于（　　）合同。

A．委托
B．承揽
C．买卖
D．建设工程

4. 大宗及重要建筑材料和设备采购的最主要方式是（　　）。

A．询价
B．政府指定
C．直接订购
D．招标投标

5. 直接订购方式的特点是（　　）。

A．缺少对价格的比选
B．工作量大
C．交易快
D．有利于及早交货
E．周期长

6. 适合于较为充分竞争的市场环境的采购方式是（　　）。

A．直接订购
B．招标投标
C．政府指定
D．询价

（二）材料设备采购招标内容特点

7.（2021—43）为充分发挥投标人设备制造和安装的综合实力，采用合并招标方式采购设备和安装工程时，可按照（　　）来确定招标类型。

A．设备生产周期
B．安装工程实施周期
C．设备安装条件
D．各部分所占费用比例

8. 订购非批量生产的大型复杂机组设备、特殊用途的大型非标准部件属于（　　），招标时要对投标人的商业信誉、加工制造能力、报价、交货期限和方式、安装（或安装指导）、调试、保修及操作人员培训等各方面条件进行全面比较。

A．买卖合同
B．租赁合同
C．承揽合同
D．融资租赁合同

9. 建设工程项目所需材料设备的采购按标的物的特点主要可以区分为（　　）。

A. 买卖合同　　　　　　　　　　　B. 加工承揽合同

C. 运输合同　　　　　　　　　　　D. 租赁合同

E. 融资租赁合同

（三）材料设备采购批次标包划分特点

10. 关于材料设备采购批次标包划分的表述中，不正确的是（　　）。

A. 考虑建设资金的到位计划和周转计划

B. 合理进行分批次采购招标

C. 投标人可以仅对一个标包中的某几项进行投标

D. 应考虑市场供应情况、市场价格变动趋势

二、材料设备采购招标投标报价方式

（一）主要报价方式

1. 从中国关境内提供的货物

11. （2022—18）业主招标采购工程建设所需货物时，对于投标截止时间前已进口的货物，国内供货方的报价应是（　　）。

A. 仓库交货价　　　　　　　　　　B. 出厂价

C. 船上交货价　　　　　　　　　　D. 离岸价

2. 从中国关境外提供的货物

12. 从中国关境内提供的货物，材料设备采购招标投标报价方式主要包括（　　）。

A. 报出厂价

B. 投标前已进口货物报仓库交货价

C. 报施工现场交货价

D. 报 FOB 价或 FCA 价

E. 报 CIF 价或 CIP 价

（1）报 FOB 价或 FCA 价

13. （2021—38）业主从国外采购建设工程所需设备时，招标文件中要求报装运港船上交货价的，国外供货方在投标时应报（　　）价。

A. FOB　　　　　　　　　　　　　B. CIF

C. FCA　　　　　　　　　　　　　D. CIP

14. 招标文件要求国外供货方（　　）的，卖方在装运港将货物装上买方指定的船只，即完成交货，卖方负责办理包括将货物在指定的装船港装上船之前的一切运输事项及运输费用，费用包含在报价中。

A. 报 FOB 价　　　　　　　　　　B. 报 FCA 价

C. 报 CIF 价　　　　　　　　　　D. 报 CIP 价

15. 报（　　），卖方在指定的地点将货物交给买方指定的承运人，即完成交货，卖

方负责办理将货物在买方指定地点或其他同意的地点交由承运方保管之前的一切运输事项，并承担运输费用，费用包含在报价中。

    A．FOB 价   B．FCA 价

    C．CIF 价   D．CIP 价

（2）报 CIF 价或 CIP 价

16．（2020—16）采购境外货物时，由卖方负责办理租船订舱，并承担货物装船之前的一切费用，以及海运费和从转运港运至目的港的保险费的报价是（　　）。

    A．FOB 价   B．CIF 价

    C．EXW 价   D．FCA 价

17．（2022—19）业主从国外采购建设工程所需设备时，招标文件中要求报指定目的港价的。国外供货方在投标时应报（　　）价。

    A．FCA   B．CIP

    C．FOB   D．CIF

18．采购境外货物时，报（　　）价是卖方负责与承运人签订运输协议，并承担货物运至目的地的运费和保险费。

    A．CIP   B．FOB

    C．CIF   D．FCA

（二）分项报价内容

19．（2021—57）根据《标准材料采购招标文件》，投标函中的分项报价表应包括的内容有（　　）。

    A．规格   B．单位

    C．性能   D．数量

    E．总价

20．（2022—60）根据《机电产品国际标准招标文件（试行）》，投标分项报价表应包括的内容有（　　）。

    A．专用工具   B．主要功能

    C．技术服务   D．标准附件

    E．备品备件

21．投标分项报价表的具体内容有（　　）。

    A．安装、调试、检验   B．原产地和制造商名称

    C．合计报价   D．主机和标准附件

    E．至最终目的地的内陆运费和保险费

习题答案及解析

    1．C   2．D   3．C   4．D   5．ACD

    6．B   7．D   8．C   9．AB   10．C

11. A	12. ABC	13. A	14. A	15. B
16. B	17. D	18. A	19. BDE	20. ACDE
21. ABDE				

【解析】

1. C。招标投标是大宗及重要建筑材料和设备采购的最主要方式，该方式有利于规范买卖双方的交易行为、扩大比选范围、实现公开公平竞争，但程序复杂、工作量大、周期长，适合于较为充分竞争的市场环境。

16. B。更多情况下，可要求国外供货方（卖方）报 CIF（指定目的港）价，卖方负责办理租船订舱，并承担将货物装上船之前的一切费用，以及海运费和从转运港运至目的港的保险费。

17. D。更多情况下，可要求国外供货方（卖方）报 CIF（指定目的港）价（即 Cost，Insurance and Freight，成本、保险费和海运费），卖方负责办理租船订舱，并承担将货物装上船之前的一切费用，以及海运费和从转运港运至目的港的保险费。

第二节　材料采购招标

知识导学

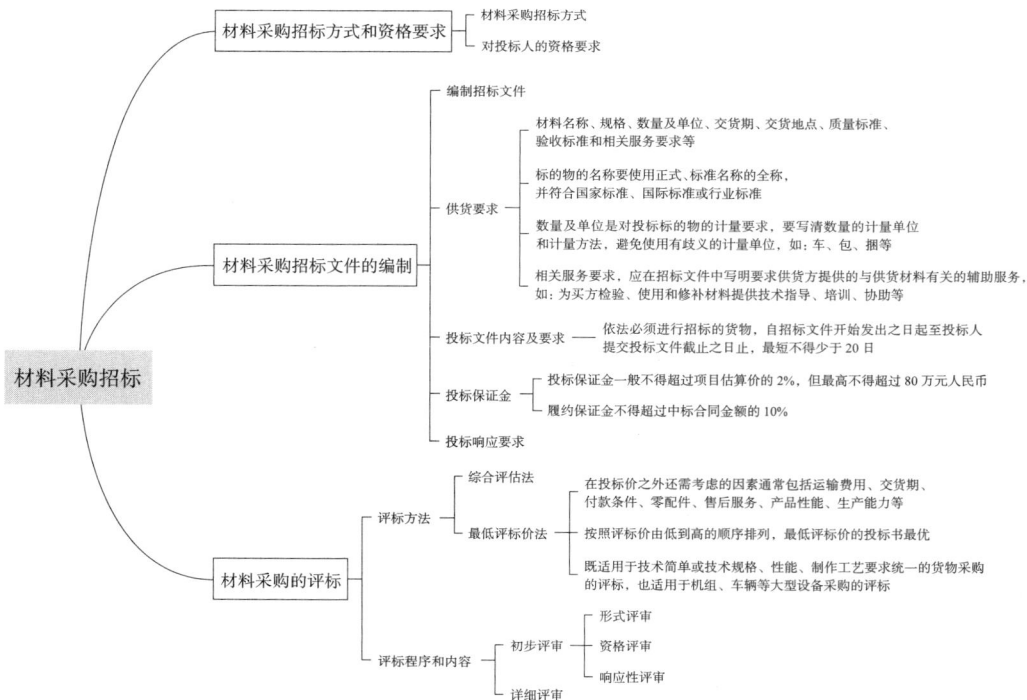

习题汇总

一、材料采购招标方式和资格要求

1. 通常情况下，对材料采购招标中投标人的资格要求主要包括（　　）方面。

A. 具有独立订立合同的能力

B. 具有完善的质量保证体系和安全保证体系等

C. 具有设计、制造与招标材料相同或相近材料的供货业绩及运行经验

D. 有良好的银行信用和商业信誉等

E. 在专业技术、设备设施、人员组织、业绩经验等方面具有设计、制造、质量控制、经营管理的相应资格和能力

二、材料采购招标文件的编制

2. （2020—60）根据《标准材料采购招标文件》，建设工程材料供货要求中应写明卖方提供的相关服务有（　　）。

A. 为买方检验材料提供技术指导

B. 为买方检验材料提供检测仪器设备

C. 为买方使用供货材料提供培训

D. 为买方购买的材料进行投保

E. 可根据买方要求派遣技术人员到施工现场提供服务

3. （2022—61）根据《标准材料采购招标文件》，材料采购招标文件应包括的内容有（　　）。

A. 招标人身份证明　　　　　　　B. 投标人须知

C. 评标办法　　　　　　　　　　D. 投标文件格式

E. 评标委员会组成人员

4. （2021—60）根据《标准材料采购招标文件》，材料采购投标文件中应包括的内容有（　　）。

A. 商务和技术偏差表　　　　　　B. 技术支持资料

C. 投标材料质量标准　　　　　　D. 合同条款修改建议

E. 资格审查资料

5. 招标人应当确定投标人编制投标文件所需的合理时间。依法必须进行招标的货物，自招标文件开始发出之日起至投标人提交投标文件截止之日止，最短不得少于（　　）日。

A. 5　　　　　　　　　　　　　B. 10

C. 15　　　　　　　　　　　　 D. 20

6. 招标文件要求中标人提交履约保证金的，履约保证金不得超过中标合同金额的

( )。

    A．5%   B．10%

    C．15%   D．20%

三、材料采购的评标

7．（2009—20）某施工项目招标，四家投标人的报价和评标价分别为：甲，1800万元、1870万元；乙，1850万元、1890万元；丙，1880万元、1820万元；丁，1990万元、1850万元，则中标候选人中排序第一的应为（ ）。

    A．甲   B．乙

    C．丙   D．丁

8．（2020—61）根据《标准材料采购招标文件》，评标时进行初步评审的内容包括（ ）。

    A．形式评审   B．资格评审

    C．评标办法评审   D．响应性评审

    E．投标价格评审

9．（2021—20）根据《标准材料采购招标文件》，初步评审材料采购投标文件时，属于响应性评审内容的是（ ）。

    A．业绩要求   B．联合体协议书

    C．交货期   D．投标人名称

10．根据《标准施工招标文件》的规定，初步评审的形式评审内容包括（ ）。

    A．投标人名称   B．投标函签字盖章

    C．投标文件格式   D．联合体投标人

    E．投标报价的多样性

11．根据《标准材料采购招标文件》，响应性评审主要审查的内容不包括（ ）。

    A．投标报价、投标内容是否符合规定

    B．交货期、质量要求是否符合规定

    C．投标有效期、投标保证金是否符合规定

    D．财务要求、业绩要求是否符合规定

12．（2022—20）根据《标准材料采购招标文件》，在初步评审材料采购投标文件时，属于资格评审内容的是（ ）。

    A．投标文件格式要求   B．财务要求

    C．投标有效期要求   D．质量要求

13．资格评审的主要审查的内容包括（ ）。

    A．组织机构代码   B．权利义务

    C．投标材料   D．信誉要求

    E．资质要求

习题答案及解析

1．ACDE	2．AC	3．BCD	4．ABCE	5．D
6．B	7．C	8．ABD	9．C	10．ABCD
11．D	12．B	13．ADE		

【解析】

2．AC。相关服务要求，应在招标文件中写明要求供货方提供的与供货材料有关的辅助服务，如：为买方检验、使用和修补材料提供技术指导、培训、协助等。

3．BCD。招标人应根据所采购材料的特点和需要编制招标文件，国家发展改革委员会等九部委联合印发的《标准材料采购招标文件》规定，材料采购招标文件的内容包括：（1）招标公告或投标邀请书；（2）投标人须知；（3）评标办法；（4）合同条款及格式；（5）供货要求；（6）投标文件格式；（7）投标人须知前附表规定的其他资料。

4．ABCE。根据国家发展改革委员会等九部委《标准材料采购招标文件》，材料采购投标文件应包括下列内容：（1）投标函及投标函附录；（2）法定代表人身份证明或授权委托书；（3）联合体协议书；（4）投标保证金；（5）商务和技术偏差表；（6）分项报价表；（7）资格审查资料；（8）投标材料质量标准；（9）技术支持资料；（10）相关服务计划；（11）投标人须知前附表规定的其他资料。

7．C。按照评标价由低到高的顺序排列，最低评标价的投标书最优。

8．ABD。根据国家发展改革委员会等九部委《标准材料采购招标文件》，初步评审包括形式评审、资格评审和响应性评审。

12．B。资格评审主要审查营业执照和组织机构代码证、资质要求、财务要求、业绩要求、信誉要求等是否符合规定。A选项属于形式评审的内容。C、D选项属于响应性评审的内容。

第三节 设备采购招标

知识导学

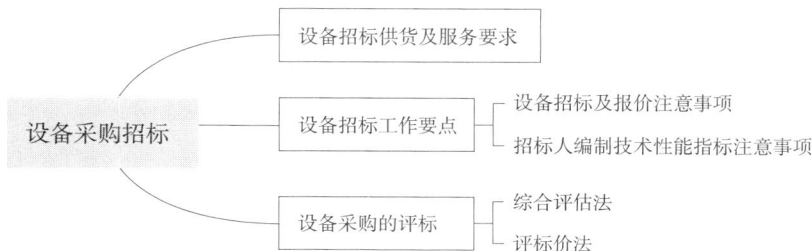

习题汇总

一、设备招标供货及服务要求

1. 设备采购合同履行中，根据合同规定卖方承担与供货有关的辅助服务，如运输、保险、安装、调试、提供技术援助、培训和合同中规定卖方应承担的义务称为（ ）。

A. 附加服务   B. 额外服务

C. 伴随服务   D. 增值服务

二、设备招标工作要点

（一）设备招标及报价注意事项

2. （2020—62）关于工程成套设备采购招标中对投标人要求的说法，正确的有（ ）。

A. 投标人须具有与所供应工程成套设备相关的特定专利

B. 投标生产厂家须具有制造同类型设备的经验和制造能力

C. 投标人可以是生产厂家，也可以是工程成套设备公司

D. 一个生产厂家对同一型号的设备仅能委托一个代理商投标

E. 工程成套设备公司投标须提供生产厂家的正式授权书

3. 关于工程设备招标及报价注意事项的说法，错误的是（ ）。

A. 对工程成套设备的供应，投标人可以是生产厂家，也可以是工程公司或贸易公司

B. 一个生产厂家对同一品牌同一型号的材料和设备，仅能委托一个代理商参加投标

C. 与通用材料的采购相比较，大型成套设备采购买卖双方权利和义务关系涉及的内容多、期限较长

D. 报价分析主要考虑设备本体和辅助设备的费用即可，大件运输、安装、调试的费用可以忽略

（二）招标人编制技术性能指标注意事项

4. 对建设工程设备招标，招标人编制技术性能指标应注意的方面包括（ ）。

A. 技术性能指标是评价投标文件技术响应性的标准

B. 技术性能指标可以要求或标明某一特定的专利技术、商标、名称、设计、原产地或供应者等

C. 技术性能指标不得含有倾向或者排斥潜在投标人的其他内容

D. 技术性能指标应具有适当的广泛性

E. 招标文件中规定的工艺、材料和设备的标准应有限制性

三、设备采购的评标

（一）综合评估法

5.（2020—17）关于投标限价的说法，正确的是（　　）。

A. 招标文件中可设置最低投标限价的具体金额

B. 招标文件中应规定投标价低于最高投标限价的幅度

C. 投标人的投标价超出最高投标限价时，应增加其评标价格

D. 招标人可在招标文件中仅规定最高投标限价的计算方法

6.（2021—17）采用综合评估法进行机电产品采购评标时，投标文件对评价因素的最优响应值称为（　　）。

A. 独立评价值　　　　　　　　　　B. 加权评价值

C. 综合评价值　　　　　　　　　　D. 基准评价值

7.（2022—21）采用综合评估法对机电产品采购进行评标时，每一位评标委员会成员对评价因素响应值的评价结果称为（　　）。

A. 加权评价值　　　　　　　　　　B. 最高评价值

C. 独立评价值　　　　　　　　　　D. 最低评价值

8.（2021—65）采用综合评估法进行机电产品采购评标时，可作为一级评价因素的有（　　）。

A. 产地　　　　　　　　　　　　　B. 包装

C. 技术　　　　　　　　　　　　　D. 服务

E. 商务

9. 根据《机电产品国际招标标准招标文件（试行）》，（　　）的适用面广，可用于技术含量高、工艺或技术方案复杂的大型或成套设备等招标项目。

A. 综合评估法　　　　　　　　　　B. 经评审的最低投标价法

C. 设计费必选法　　　　　　　　　D. 最低投标价法

10. 采用综合评估法进行设备采购评标的，（　　）。

A. 按照招标文件的价格评价函数（评价标准）计算投标价格的评价值

B. 招标文件如设置最高投标限价，招标文件中应明确最高投标限价金额或最高投标限价的计算方法

C. 投标报价中如果有算术错误，投标价将按照投标人须知的规定修正

D. 投标报价中可以有不同的货币，不必统一评标货币

E. 投标报价中如有不同的价格条件，以货物到达投标人实际的到货地点为依据进行调整

（二）评标价法

11.（2018—19）采用招标方式采购运行期内各种费用较高的通用成套设备，评标时的正确做法是（　　）。

A. 不宜将交货期作为评标内容

B. 宜将报价最低者作为中标人

C. 宜采用以设备寿命周期成本为基础的评标价法

D. 宜采用综合评估法

12. 以货币价格作为评价指标的评标价方法，依据招标设备标的性质不同，可采用（　　）。

A. 最低投标价法　　　　　　　　　　B. 综合评标法

C. 最高投标价法　　　　　　　　　　D. 最低评标价法

E. 以设备寿命周期成本为基础的评标价法

13. 采购生产线、成套设备、车辆等运行期内各种费用较高的货物，评标时可预先确定一个统一的设备评审寿命期（短于实际寿命期），然后再根据投标书的实际情况在报价上加上该年限运行期间所发生的各项费用，再减去寿命期末设备的残值。这种方法属于（　　）。

A. 最低投标价法

B. 综合评标法

C. 最高投标价法

D. 以设备寿命周期成本为基础的评标价法

14.（2022—62）采用以设备寿命期成本为基础的评标价法进行设备采购评标时，需要以贴现值计算的费用有（　　）。

A. 估算寿命期内所需备件费用　　　　B. 估算寿命期内维修费用

C. 估算寿命期残值　　　　　　　　　D. 估算寿命期内所需燃料消耗费

E. 估算寿命期内所需更新费用

习题答案及解析

1. C　　　　2. CDE　　　　3. D　　　　4. ACD　　　　5. D

6. D　　　　7. C　　　　　8. CDE　　　　9. A　　　　10. ABC

11. C　　　　12. DE　　　　13. D　　　　14. ABCD

【解析】

2. CDE。设备招标及报价注意事项：（1）对工程成套设备的供应，投标人可以是生产厂家，也可以是工程公司或贸易公司，为了保证设备供应并按期交货，如工程公司或贸易公司为投标人，必须提供生产厂家同意其在本次投标中提供该货物的正式授权书，一个生产厂家对同一品牌同一型号的材料和设备，仅能委托一个代理商参加投标。（2）对大型设备采购招标，由于产品设计和制造的难度及复杂性，对生产厂家应有较高的资质和能力条件的要求，须具有相应的制造能力，尤其是制作同类型产品的经验，以确保标的物能够保质保量、按期交货。

5．D。如设置最高投标限价，招标文件中应明确最高投标限价金额或最高投标限价的计算方法。若投标人的投标价格超出最高投标限价，其投标将被否决。

11．C。采购生产线、成套设备、车辆等运行期内各种费用较高的货物，采用以设备寿命周期成本为基础的评标价法。

14．ABCD。这些以贴现值计算的费用包括：（1）估算寿命期内所需的燃料消耗费；（2）估算寿命期内所需备件及维修费用；（3）估算寿命期残值。

第五章
建设工程勘察设计合同管理

第一节　工程勘察合同订立和履行管理

知识导学

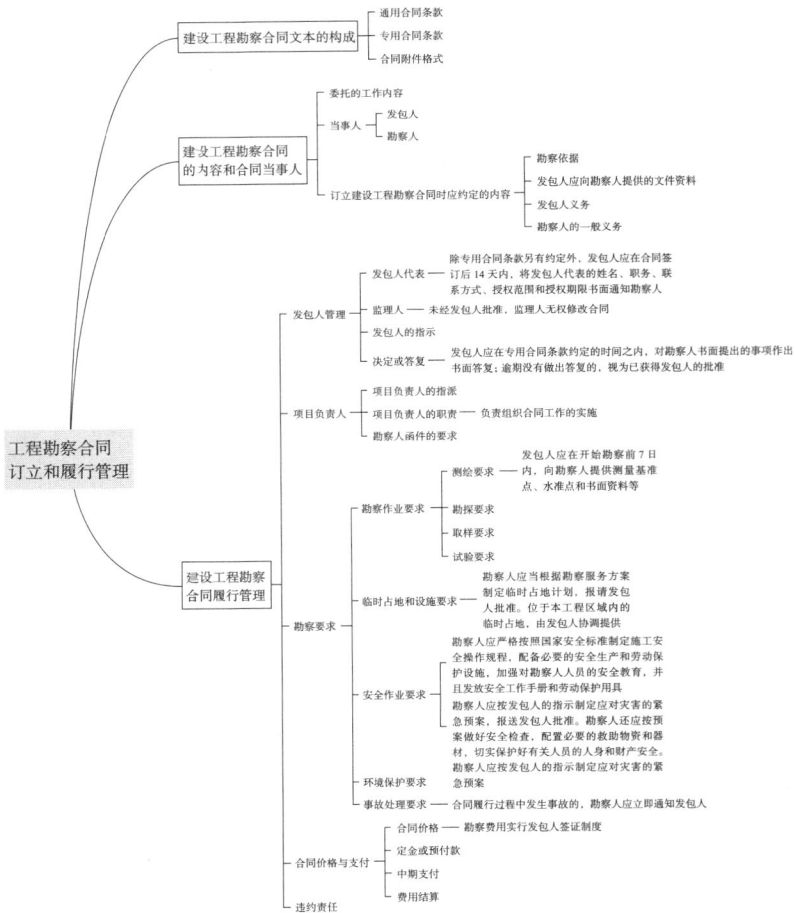

工程勘察合同订立和履行管理
├─ 建设工程勘察合同文本的构成
│　├─ 通用合同条款
│　├─ 专用合同条款
│　└─ 合同附件格式
├─ 建设工程勘察合同的内容和合同当事人
│　├─ 委托的工作内容
│　├─ 当事人
│　│　├─ 发包人
│　│　└─ 勘察人
│　└─ 订立建设工程勘察合同时应约定的内容
│　　　├─ 勘察依据
│　　　├─ 发包人应向勘察人提供的文件资料
│　　　├─ 发包人义务
│　　　└─ 勘察人的一般义务
└─ 建设工程勘察合同履行管理
　　├─ 发包人管理
　　│　├─ 发包人代表 —— 除专用合同条款另有约定外，发包人应在合同签订后14天内，将发包人代表的姓名、职务、联系方式、授权范围和授权期限书面通知勘察人
　　│　├─ 监理人 —— 未经发包人批准，监理人无权修改合同
　　│　├─ 发包人的指示
　　│　└─ 决定或答复 —— 发包人应在专用合同条款约定的时间之内，对勘察人书面提出的事项作出书面答复；逾期没有做出答复的，视为已获得发包人的批准
　　├─ 项目负责人
　　│　├─ 项目负责人的指派
　　│　├─ 项目负责人的职责 —— 负责组织合同工作的实施
　　│　└─ 勘察人函件的要求
　　├─ 勘察要求
　　│　├─ 勘察作业要求
　　│　│　├─ 测绘要求 —— 发包人应在开始勘察前7日内，向勘察人提供测量基准点、水准点和书面资料等
　　│　│　├─ 勘探要求
　　│　│　├─ 取样要求
　　│　│　└─ 试验要求
　　│　├─ 临时占地和设施要求 —— 勘察人应当根据勘察服务方案制定临时占地计划，报请发包人批准。位于本工程区域内的临时占地，由发包人协调提供
　　│　├─ 安全作业要求 —— 勘察人应严格按照国家安全标准制定施工安全操作规程，配备必要的安全生产和劳动保护设施，加强对勘察人员的安全教育，并且发放安全工作手册和劳动保护用具 / 勘察人应按发包人的指示制定应对灾害的紧急预案，报送发包人批准。勘察人还应按预案做好安全检查，配置必要的救助物资和器材，切实保护好有关人员的人身和财产安全。勘察人应按发包人的指示制定应对灾害的紧急预案
　　│　├─ 环境保护要求
　　│　└─ 事故处理要求 —— 合同履行过程中发生事故的，勘察人应立即通知发包人
　　├─ 合同价格与支付
　　│　├─ 合同价格 —— 勘察费用实行发包人签证制度
　　│　├─ 定金或预付款
　　│　├─ 中期支付
　　│　└─ 费用结算
　　└─ 违约责任

习题汇总

一、建设工程勘察合同文本的构成

1.（2020—18）根据《标准设计招标文件》中的通用合同条款，下列工程勘察合同组成文件中，优先解释顺序排在中标通知书之前的是（　　）。

A．合同协议书
B．专用合同条款
C．勘察费用清单
D．通用合同条款

2．除专用合同条款另有约定外，下列合同文件中，解释顺序在投标函及投标函附录之后的文件包括（　　）。

A．中标通知书
B．专用合同条款
C．发包人要求
D．通用合同条款
E．合同协议书

3．除专用合同条款另有约定外，下列合同文件中，解释顺序在勘察费用清单之前的是（　　）。

A．投标函和投标函附录
B．通用合同条款
C．勘察纲要
D．发包人要求
E．专用合同条款

4.（2022—22）根据《标准勘察招标文件》中的通用合同条款，合同文件优先解释顺序正确的是（　　）。

A．专用合同条款—勘察费用清单—发包人要求—勘察纲要
B．发包人要求—勘察费用清单—勘察纲要—专用合同条款
C．专用合同条款—发包人要求—勘察纲要—勘察费用清单
D．专用合同条款—发包人要求—勘察费用清单—勘察纲要

二、建设工程勘察合同的内容和合同当事人

（一）建设工程勘察合同委托的工作内容

5．根据建设工程的要求，查明、分析、评价建设场地的地质地理环境特征和岩土工程条件，编制建设工程勘察文件订立的协议称为（　　）。

A．建设工程监理合同
B．建设工程施工合同
C．建设工程设计合同
D．建设工程勘察合同

（二）建设工程勘察合同当事人

6.（2021—1）建筑工程勘察合同中的勘察人是具有相应勘察资质的（　　）。

A．特别法人
B．企业法人
C．非法人组织
D．非营利法人

7．取得资质证书的建设工程勘察、设计企业可以从事相应的建设工程（　　）。

A. 勘察、监理和技术服务   B. 勘察、设计咨询和施工

C. 设计、监理和施工   D. 勘察、设计咨询和技术服务

8. 建设工程勘察合同的承包方须持有工商行政管理部门核发的企业法人营业执照，并且必须在其核准的经营范围内从事建设活动。超越其经营范围订立的建设工程勘察合同为（   ）。

A. 有效合同   B. 无效合同

C. 可变更合同   D. 效力待定合同

9. 建设工程勘察合同中，发包人通常可能是工程建设项目的（   ）。

A. 建设单位或者工程设计单位   B. 监理单位或者设计单位

C. 监理单位或者工程总承包单位   D. 建设单位或者工程总承包单位

（三）订立建设工程勘察合同时应约定的内容

1. 勘察依据

10. 除专用合同条款另有约定外，工程的勘察依据包括（   ）。

A. 与工程有关的规范、标准、规程

B. 本工程设计和施工需求

C. 适用的法律、行政法规及部门规章

D. 工程基础资料及其他文件

E. 合同履行中与设计服务有关的来往函件

2. 发包人应向勘察人提供的文件资料

11.（2020—19）根据《标准勘察招标文件》中的通用合同条款，发包人应向勘察人提供的文件资料是（   ）。

A. 施工测量放线成果   B. 岩土工程钻探方案

C. 标志桩定位报告   D. 建筑总平面布置图

12. 订立勘察合同时发包人应及时向勘察人提供的文件包括（   ）。

A. 本工程的批准文件（原件）

B. 用地（附红线范围）、施工、勘察许可等批件（复印件）

C. 勘察工作范围已有的技术资料及工程所需的坐标与标高资料

D. 勘察工作范围地下已有埋藏物的资料（如电力、电信电缆、各种管道、人防设施、洞室等）及具体位置分布图

E. 工程勘察任务委托书、技术要求和工作范围的地形图、建筑总平面布置图

3. 发包人义务

13. 建设工程勘察合同中，属于发包人义务的是（   ）。

A. 应按约定向勘察人发出开始勘察通知   B. 办理证件和批件

C. 保证勘察作业规范、安全和环保   D. 提供勘察资料

E. 应按有关法律规定纳税，应缴纳的税金（含增值税）包括在合同价格之中

4. 勘察人的一般义务

14.（2022—23）根据《标准勘察招标文件》中的通用合同条款，勘探场地临时设施的搭设、维护、管理和拆除的责任和义务应由（　　）承担。

A．发包人
B．勘察人
C．发包人和勘察人共同
D．勘察人和设计人共同

15．根据《标准勘察招标文件》，勘察人的一般义务包括（　　）。

A．办理证件和批件

B．依法纳税

C．发出开始勘察通知

D．避免勘探对公众与他人的利益造成损害

E．保证勘察作业规范、安全和环保

三、建设工程勘察合同履行管理

16.（2021—69）根据《标准勘察招标文件》中的通用合同条款，属于勘察合同变更情形的有（　　）。

A．勘察范围发生变化

B．对工程同一部位进行再次勘查

C．暂停勘察及恢复勘察

D．发包人原因引起的勘察周期延误

E．勘察成果未达到合同约定的深度要求

（一）发包人管理

17．建设工程勘察合同履行过程中，未经（　　）批准，监理人无权修改合同。

A．发包人
B．承包人
C．设计单位负责人
D．发包人和承包人协商

（二）项目负责人

18.（2021—32）根据《标准设计招标文件》中的通用合同条款，设计人更换项目负责人应履行的程序是（　　）。

A．事先征得发包人同意，并在更换 14 日前将姓名及详细资料提交发包人

B．事先征得发包人同意，并在更换的项目负责人到岗前 1 日将资料提交发包人

C．事先口头通知发包人，并在更换的项目负责人到岗时向发包人提交书面材料

D．更换 14 日前将姓名及详细资料提交监理人，监理人在 7 日内作出答复

19．建设工程勘察合同的项目负责人指派与职责的说法，错误的是（　　）。

A．勘察人应按合同协议书的约定指派项目负责人，并在约定的期限内到职

B．勘察人更换项目负责人应事先征得发包人同意

C．项目负责人 2 日内不能履行职责的，应事先征得发包人同意，并委派代表代行其职责

D．项目负责人在情况紧急且无法与发包人取得联系时，可采取保证工程和人员生命财产安全的紧急措施，并在采取措施后 48 小时内向发包人提交书面报告

（三）勘察要求

20．（2022—63）根据《标准勘察招标文件》中的通用合同条款，勘察人应履行的安全职责有（　　）。

A．编制安全措施计划　　　　　　　　B．审批安全施工操作规程

C．制定施工安全操作规程　　　　　　D．制定应对灾害的紧急预案

E．编制专项勘察方案

21．（2020—77）根据《标准勘察招标文件》中的通用合同条款，勘察人应履行的安全职责有（　　）。

A．发生事故的，勘察人应立即通知发包人

B．按合同要求制定勘察工作临时占地方案

C．按合同约定编制安全措施计划和灾害应急预案

D．严格按国家安全标准制定施工安全操作规程

E．配置必要的救助物资和器材

22．（2021—27）根据《标准勘察招标文件》中的通用合同条款，勘察人应对勘察方法的（　　）完全负责。

A．完备性、可靠性、先进性　　　　　B．完备性、正确性、经济性

C．适用性、先进性、经济性　　　　　D．正确性、适用性、可靠性

23．（2021—47）据《标准勘察招标文件》中的通用合同条款，对勘察人正式提交的实验报告格式要求是（　　）。

A．加盖试验室公章并由试验负责人签字确认

B．加盖试验室公章并由项目负责人签字确认

C．加盖 CMA 章并由项目负责人签字确认

D．加盖 CMA 章并由试验负责人签字确认

24．根据《标准勘察招标文件》，勘察人应当根据勘察服务方案制订临时占地计划，报请（　　）批准。

A．监理人　　　　　　　　　　　　　B．发包人

C．发包人和监理人共同　　　　　　　D．设计单位负责人

25．根据《标准勘察招标文件》，勘察人应按合同约定履行安全职责，执行发包人有关安全工作的指示，并在专用合同条款约定的期限内，按合同约定的安全工作内容，编制安全措施计划报送（　　）批准。

A．发包人　　　　　　　　　　　　　B．监理人

C．勘察单位负责人　　　　　　　　　D．发包人和监理人共同

（四）合同价格与支付

26．（2020—20）根据《标准勘察招标文件》中的通用合同条款，勘察费用实行（　　）

制度。

A．发包人签证

B．勘察人签证

C．监理人签证

D．监理人核查

27．（2020—64）根据《标准勘察招标文件》和《标准设计招标文件》中的通用合同条款，勘察和设计合同价格应包括的内容有（　　）。

A．收集资料、踏勘现场并进行勘察设计工作的费用

B．工程施工期间配合及现场服务的费用

C．工程勘察和设计服务应缴纳的增值税税金

D．发包人要求勘察人和设计人进行专项试验检测的费用

E．发包人未按期支付费用导致的逾期付款违约金

28．（2021—70）根据《标准勘察招标文件》中的通用合同条款，除专用合同条款另有约定外，勘察合同价中应包括的费用有（　　）。

A．进行测绘、取样、试验、评估的费用

B．占地及青苗、园林绿化补偿费用

C．发包人要求勘察人外出考察的费用

D．因勘察人原因需要对工程进行补充勘察的费用

E．不可抗力导致勘察人勘察设备损坏的修复费用

29．设计人应按发包人批准或专用合同条款约定的格式及份数，向发包人提交中期支付申请，并附相应的支持性证明文件。发包人应在收到中期支付申请后的（　　）日内，将应付款项支付给设计人。

A．7

B．14

C．21

D．28

（五）违约责任

30．（2022—64）根据《标准勘察招标文件》中的通用合同条款，勘察人有权要求发包人延长勘察周期和增加勘察费用的情形有（　　）。

A．勘察人原因在施工场地造成第三方财产损失并导致勘察周期延长和费用增加

B．由于出现专用合同条款规定的异常恶劣气候条件导致勘察周期延长和费用增加

C．由于出现专用合同条款规定的不利物质条件导致勘察周期延长和费用增加

D．采取有效措施保护勘察中发现的地下文物导致勘察周期延长和费用增加

E．当地居民采取阻工方式要求增加征地补偿款导致勘察周期延长和费用增加

31．（2022—24）根据《标准勘察招标文件》中的通用合同条款，因勘察人使用的勘察设备不足以满足合同约定的勘察成果质量要求，发包人要求勘察人更换勘察设备，勘察人及时进行了更换，由此增加的费用由（　　）承担。

A．发包人

B．勘察人

C．设备供应商

D．发包人和勘察人共同

32．勘察合同履行中，勘察人发生（　　）情形，属于勘察人违约。

A．勘察文件不符合法律以及合同约定的

B．转包、违法分包或擅自分包的

C．未按合同计划完成勘察，从而造成工程损失的

D．无法履行或停止履行合同的

E．未按合同约定支付勘察费用的

习题答案及解析

1．A	2．BCD	3．ABDE	4．D	5．D
6．B	7．D	8．B	9．D	10．ABCD
11．D	12．BCDE	13．ABD	14．B	15．BDE
16．AD	17．A	18．A	19．D	20．ACD
21．CDE	22．C	23．D	24．B	25．A
26．A	27．ABC	28．AB	29．D	30．BCDE
31．B	32．ABCD			

【解析】

1．A。除专用合同条款另有约定外，勘察合同解释合同文件的优先顺序如下：（1）合同协议书；（2）中标通知书；（3）投标函及投标函附录；（4）专用合同条款；（5）通用合同条款；（6）发包人要求；（7）勘察费用清单；（8）勘察纲要；（9）其他合同文件。

11．D。发包人应及时向勘察人提供下列文件资料，并对其准确性、可靠性负责，通常包括：（1）本工程的批准文件（复印件），以及用地（附红线范围）、施工、勘察许可等批件（复印件）；（2）工程勘察任务委托书、技术要求和工作范围的地形图、建筑总平面布置图；（3）勘察工作范围已有的技术资料及工程所需的坐标与标高资料；（4）勘察工作范围地下已有埋藏物的资料（如电力、电信电缆、各种管道、人防设施、洞室等）及具体位置分布图；（5）其他必要相关资料。

14．B。勘察人应按合同约定提供勘察文件，以及为完成勘察服务所需的劳务、材料、勘察设备、实验设施等，并应自行承担勘探场地临时设施的搭设、维护、管理和拆除。

20．ACD。勘察人应按合同约定履行安全职责，执行发包人有关安全工作的指示，并在专用合同条款约定的期限内，按合同约定的安全工作内容，编制安全措施计划报送发包人批准。故A选项正确。勘察人应当严格执行操作规程，采取有效措施保证道路、桥梁、交通安全设施、建构筑物、地下管线、架空线和其他周边设施等安全正常地运行。勘察人应当按照法律、法规和工程建设强制性标准进行勘察，加强勘察作业安全管理，特别加强易燃、易爆材料、火工器材、有毒与腐蚀性材料和其他危险品的管理。勘察人应严格按照国家安全标准制定施工安全操作规程，配备必要的安全生产和劳动保护设施，加强对勘察人人员的安全教育，并且发放安全工作手册和劳动保护用具。故C

选项正确。勘察人应按发包人的指示制定应对灾害的紧急预案，报送发包人批准。故D选项正确。

21．CDE。勘察人应按合同约定履行安全职责，执行发包人有关安全工作的指示，并在专用合同条款约定的期限内，按合同约定的安全工作内容，编制安全措施计划报送发包人批准。勘察人应按发包人的指示制定应对灾害的紧急预案，报送发包人批准。勘察人还应按预案做好安全检查，配置必要的救助物资和器材，切实保护好有关人员的人身和财产安全。

26．A。勘察费用实行发包人签证制度。

28．AB。除专用合同条款另有约定外，合同价格应当包括收集资料，踏勘现场，制订纲要、进行测绘、勘探、取样、试验、测试、分析、评估、配合审查等，编制勘察文件，设计施工配合，青苗和园林绿化补偿，占地补偿，扰民及民扰，占道施工，安全防护、文明施工、环境保护，农民工工伤保险等全部费用和国家规定的增值税税金。发包人要求勘察人进行外出考察、试验检测、专项咨询或专家评审时，相应费用不含在合同价格之中，由发包人另行支付。

30．BCDE。由于勘察人原因造成周期延误，勘察人应支付逾期违约金。故A选项排除。由于出现专用合同条款规定的异常恶劣气候条件、不利物质条件等因素导致周期延误的，勘察人有权要求发包人延长周期和（或）增加费用。故B、C选项正确。勘察人发现地下文物或化石时，应按规定及时报告发包人和文物部门，并采取有效措施进行保护；勘察人有权要求发包人延长周期和（或）增加费用。故D选项正确。第三人原因造成的费用增加和（或）周期延误的，由发包人承担。故E选项正确。

第二节　工程设计合同订立和履行管理

知识导学

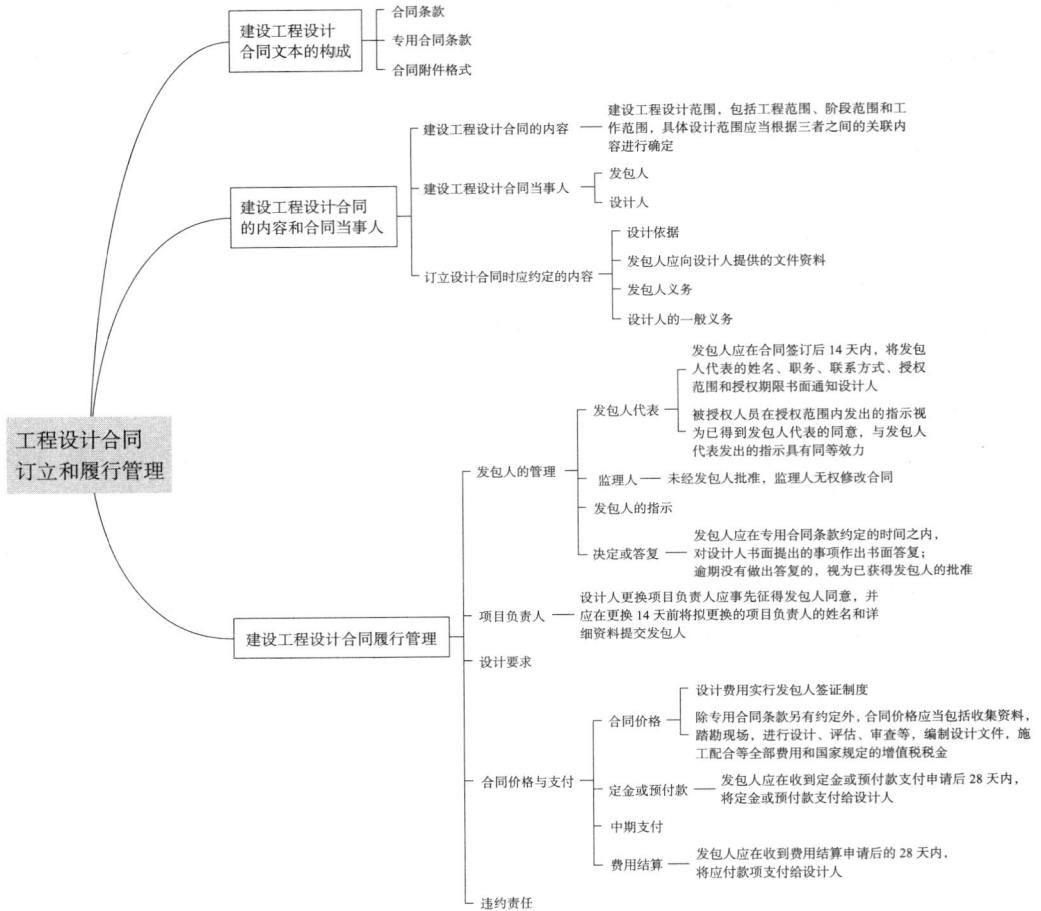

习题汇总

一、建设工程设计合同文本的构成

1. 建设工程设计合同文件包括（　　）。

A. 中标通知书

B. 投标函和投标函附录

C. 专用合同条款

D. 设计方案

E. 已标价工程量清单

二、建设工程设计合同的内容和合同当事人

2. 建设工程设计合同发包人通常是工程建设项目的（　　）。

A．施工单位或者监理单位

B．业主（建设单位）或者监理单位

C．业主（建设单位）或者项目管理部门

D．施工单位或者项目管理部门

3．建设工程设计合同发包人的义务包括（　　）。

A．发出开始设计通知 　　　　　　B．支付合同价款

C．办理证件和批件 　　　　　　　D．完成全部设计工作

E．提供设计资料

4．（2022—65）根据《标准设计招标文件》中的通用合同条款，除专用合同条款另有的约定外，工程设计依据有（　　）。

A．项目建议书

B．与工程有关的规范、标准、规程

C．工程基础资料

D．适用的法律、法规及部门规章

E．工程勘察文件

三、建设工程设计合同履行管理

5．（2020—21）根据《标准设计招标文件》中的通用合同条款，发包人代表授权发包人其他人员负责其指派的工作时，应将被授权人员的姓名和（　　）通知设计人。

A．职业资格 　　　　　　　　　　B．授权范围

C．技术职称 　　　　　　　　　　D．授权时间

6．（2021—21）根据《标准设计招标文件》中的通用合同条款，工程设计应执行的规范、标准和发包人要求之间对同一内容的描述不一致时，应以（　　）为准。

A．描述更为严格的内容 　　　　　B．规范标准描述的内容

C．发包人要求所描述的内容 　　　D．行业惯例遵循的内容

7．（2021—22）根据《标准设计招标文件》中的通用合同条款，因设计人未能按合同计划提供图纸，导致施工承包人不能按监理人批准的进度计划施工而造成损失的，该损失最终应由（　　）承担。

A．发包人 　　　　　　　　　　　B．施工承包人

C．设计人 　　　　　　　　　　　D．监理人

8．（2022—28）根据《标准设计招标文件》中的通用合同条款，为保证工程质量和施工安全，提出相关措施建议的内容包括（　　）。

A．设计人员现场服务的安全保护措施

B．监理人现场人员的安全保护措施

C．预防生产事故和保护施工作业人员的安全措施

D．业主方工程施工的安全生产方案

9.（2022—66）根据《标准设计招标文件》中的通用合同条款，设计合同的合同价格应包括的费用内容有（　　）。

　　A．征地补偿费用
　　B．青苗和园林绿化补偿费用
　　C．设计、评估、审查工作费用
　　D．踏勘现场工作费用
　　E．施工配合费用

10.（2021—71）根据《标准设计招标文件》中的通用合同条款，由发包人承担设计服务期延误责任的情形有（　　）。

　　A．发包人未按合同约定期限及时答复设计事项
　　B．发包人未按合同约定及时支付设计费用
　　C．设计人原因导致设计文件未能按期提交
　　D．行政管理部门审查图纸时间延长
　　E．勘察人提供的勘察成果滞后

11．根据《标准设计招标文件》中的通用合同条款，属于设计人违约的情形有（　　）。

　　A．设计人在合同约定的时间内未能获得发包人按合同约定应支付的设计费用
　　B．发包人无法履行或停止履行合同
　　C．设计人转包、违法分包或者未经发包人同意擅自分包
　　D．设计人无法履行或停止履行合同
　　E．设计人未按合同计划完成设计，从而造成工程损失

习题答案及解析

1．ABCD　　　2．C　　　3．ABCE　　　4．BCD　　　5．B
6．A　　　　7．C　　　8．C　　　9．CDE　　　10．ABDE
11．CDE

【解析】

4．BCD。除专用合同条款另有约定外，工程的设计依据如下：（1）适用的法律、行政法规及部门规章；（2）与工程有关的规范、标准、规程；（3）工程基础资料及其他文件；（4）本设计服务合同及补充合同；（5）本工程勘察文件和施工需求；（6）合同履行中与设计服务有关的来往函件；（7）其他设计依据。E选项在于未强调是否为本工程勘察文件，故不选。

5．B。发包人代表可以授权发包人的其他人员负责执行其指派的一项或多项工作。发包人代表应将被授权人员的姓名及其授权范围通知设计人。

8．C。设计文件必须保证工程质量和施工安全等方面的要求，按照有关法律法规规定在设计文件中提出保障施工作业人员安全和预防生产安全事故的措施建议。

9．CDE。除专用合同条款另有约定外，合同价格应当包括收集资料，踏勘现场，进行设计、评估、审查等，编制设计文件，施工配合等全部费用和国家规定的增值税税金。

10. ABDE。合同履行中发生下列情况之一的,属发包人违约:(1)发包人未按合同约定支付设计费用;(2)发包人原因造成设计停止;(3)发包人无法履行或停止履行合同;(4)发包人不履行合同约定的其他义务。行政管理部门和勘察人相对于设计合同而言,属于第三方,第三方的责任由发包人承担。

第六章
建设工程施工合同管理

第一节　施工合同标准文本

知识导学

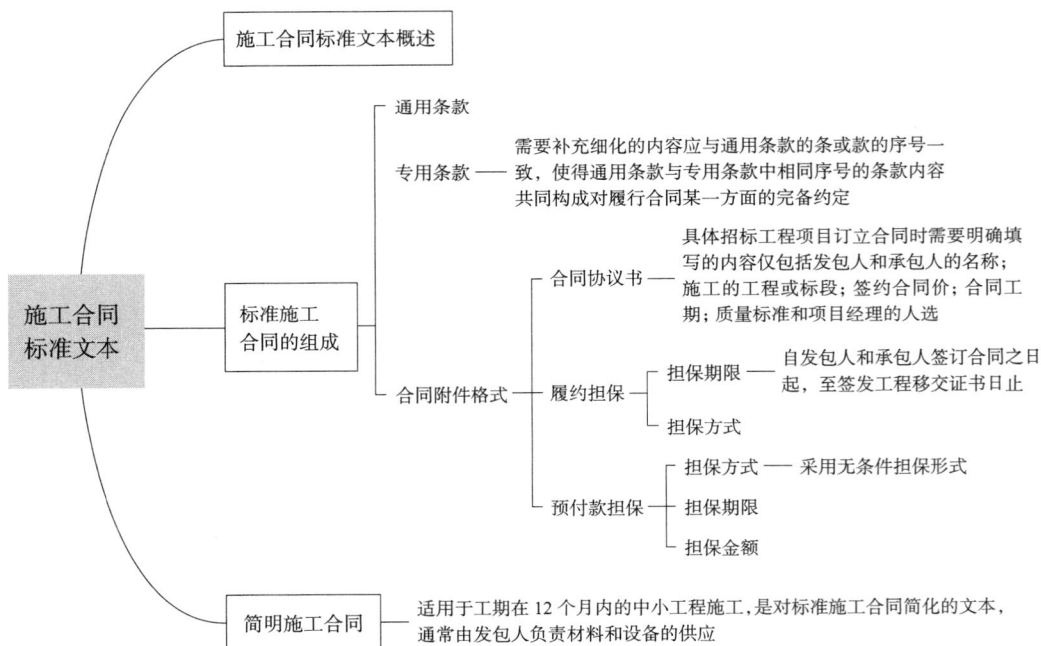

施工合同标准文本
├─ 施工合同标准文本概述
├─ 标准施工合同的组成
│　├─ 通用条款
│　├─ 专用条款 ── 需要补充细化的内容应与通用条款的条或款的序号一致，使得通用条款与专用条款中相同序号的条款内容共同构成对履行合同某一方面的完备约定
│　└─ 合同附件格式
│　　├─ 合同协议书 ── 具体招标工程项目订立合同时需要明确填写的内容仅包括发包人和承包人的名称；施工的工程或标段；签约合同价；合同工期；质量标准和项目经理的人选
│　　├─ 履约担保
│　　│　├─ 担保期限 ── 自发包人和承包人签订合同之日起，至签发工程移交证书日止
│　　│　└─ 担保方式
│　　└─ 预付款担保
│　　　├─ 担保方式 ── 采用无条件担保形式
│　　　├─ 担保期限
│　　　└─ 担保金额
└─ 简明施工合同 ── 适用于工期在 12 个月内的中小工程施工，是对标准施工合同简化的文本，通常由发包人负责材料和设备的供应

习题汇总

一、施工合同标准文本概述

1.（2018—66）根据《标准施工招标资格预审文件和标准施工招标文件试行规定》，各行业编制本行业标准施工合同应遵守的原则有（　　）。

A．结合行业特点，编制本行业中通用合同条款

B．不加修改地引用标准文件中的"通用合同条款"

C．结合施工项目的具体特点，编制"专用合同条款"

D．"专用合同条款"补充和细化的内容不得与"通用合同条款"相抵触

E．"通用合同条款"不能约定"专用合同条款"可以修改"通用合同条款"

2．（2019—27）关于《标准施工招标文件》合同文本及条款的说法，正确的是（　　）。

A．通用合同条款和专用合同条款应当不加修改地引用

B．通用合同条款可以约定专用合同条款补充、细化时，允许与通用合同条款不一致

C．各行业编制的标准施工招标文件的通用合同条款，可结合施工项目的具体特点进行补充、细化

D．通用合同条款与专用合同条款相互矛盾时，合同无效

3．关于施工合同标准文本，下列说法错误的是（　　）。

A．适用于一定规模以上，且设计和施工不是由同一承包商承担的工程施工招标的《标准施工招标文件》包括合同条款与格式

B．各行业可以结合自身行业特点编制相应的"通用合同条款"

C．各行业编制的标准施工招标文件中的"专用合同条款"可结合施工项目的具体特点，对标准的"通用合同条款"进行补充、细化

D．除"通用合同条款"明确"专用合同条款"可作出不同约定外，补充和细化的内容不得与"通用合同条款"的规定相抵触，否则抵触内容无效

二、标准施工合同的组成

（一）通用条款

仅做了解即可。

（二）专用条款

4．（2019—28）关于《标准施工招标文件》合同通用条款和专用条款的说法，正确的是（　　）。

A．通用条款中适用于招标项目的条或款应在专用条款中体现

B．专用条款需要补充细化的内容应与通用条款的条或款的序号一致

C．通用条款可以根据工程实际由合同当事人协商调整

D．专用条款可以约定合同当事人放弃部分通用条款

5．关于《标准施工招标文件》合同专用条款，下列说法正确的是（　　）。

A．专用条款的内容涵盖各类工程项目施工共性的合同责任和履行管理程序

B．专用条款可以约定合同当事人放弃部分通用条款

C．专用条款内可以体现工程项目施工的行业特点

D．专用条款需要补充细化的内容不应与通用条款的条或款的序号一致

（三）合同附件格式

6.（2016—26）根据《标准施工合同》，合同附件格式包括（　　）。

A. 项目经理任命书　　　　　　　　B. 合同协议书

C. 工程设备表　　　　　　　　　　D. 建筑材料表

7.（2022—67）根据《标准施工招标文件》，合同附件格式有（　　）。

A. 通用合同条款格式　　　　　　　B. 专用合同条款格式

C. 合同协议书格式　　　　　　　　D. 履约担保格式

E. 预付款担保格式

8.《标准施工合同》中给出的合同附件格式不包括（　　）。

A. 履约担保　　　　　　　　　　　B. 预付款保函

C. 合同协议书　　　　　　　　　　D. 工程量清单

1. 合同协议书

9.（2015—66）根据《标准施工合同》，合同协议书中需要明确填写的内容有（　　）。

A. 签约合同价　　　　　　　　　　B. 合同工期

C. 双方义务　　　　　　　　　　　D. 质量标准

E. 项目经理人选

10.（2016—66）根据《标准施工合同》，合同协议书中需要明确填写的内容有（　　）。

A. 施工工程或标段　　　　　　　　B. 工程结算方式

C. 质量标准　　　　　　　　　　　D. 合同组成文件

E. 变更处理程序

11.（2017—28）根据《标准施工合同》，合同协议书中除明确规定合同组成文件外，双方在订立合同时还必须填写的内容包括（　　）。

A. 结算方式　　　　　　　　　　　B. 预付款支付时间

C. 质量标准　　　　　　　　　　　D. 合同争议解决方式

12.（2019—30）下列合同文件中，属于《标准施工招标文件》中施工合同组成文件中需要发包人和承包人同时签字盖章的文件是（　　）。

A. 专用条款　　　　　　　　　　　B. 通用条款

C. 中标通知书　　　　　　　　　　D. 合同协议书

13. 合同协议书除了明确规定对当事人双方有约束力的合同组成文件外，具体招标工程项目订立合同时需要明确填写的内容仅包括（　　）。

A. 发包人和承包人的名称　　　　　B. 施工的工程或标段

C. 合同争议解决方式　　　　　　　D. 合同工期

E. 质量标准和项目经理的人选

14. 合同组成文件中唯一需要发包人和承包人同时签字盖章的法律文书的是（　　）。

A. 履约保函　　　　　　　　　　　B. 预付款保函

C．合同协议书　　　　　　　　　　　　D．投标保证金

2. 履约担保

15.（2014—64）根据《标准施工合同》，履约担保的特点有（　　）。

A．担保期限自合同签订日起到签发工程移交证书日止

B．采用无条件担保方式

C．能快速解决承包方严重违约对施工的影响

D．能降低发包人合同风险

E．有助于加强发包人的履约责任心

16.（2018—27）根据《标准施工合同》履约担保的期限自发包人和承包人订立合同之日起至（　　）之日止。

A．工程竣工验收　　　　　　　　　　　B．工程缺陷责任期满

C．签发工程移交证书　　　　　　　　　D．签发最终结清证书

17.（2021—40）根据《标准施工招标文件》中的通用合同条款，施工合同履约担保期限应自（　　）之日起。

A．招标人发出中标通知书　　　　　　　B．发承包双方签订合同

C．中标人接到中标通知书　　　　　　　D．监理人发出开工通知

3. 预付款担保

18.（2015—27）根据《标准施工合同》，履约担保和预付款担保采用的担保形式是（　　）。

A．均采用无条件担保

B．分别采用无条件担保和有条件担保

C．均采用有条件担保

D．分别采用有条件担保和无条件担保

19.（2016—27）根据《标准施工合同》，关于预付款担保方式及生效的说法，正确的是（　　）。

A．采用无条件担保方式，并自预付款支付给承包人起生效

B．采用有条件担保方式，并自预付款支付给承包人起生效

C．采用无条件担保方式，并自合同协议书签订之日起生效

D．采用有条件担保方式，并自合同协议书签订之日起生效

20.（2017—29）根据《标准施工合同》，工程预付款担保采用的形式是（　　）。

A．第三方保证　　　　　　　　　　　　B．动产质押

C．既有建筑物抵押　　　　　　　　　　D．银行保函

21.（2020—67）根据《标准施工招标文件》中的通用合同条款，关于预付款担保金额的说法，正确的有（　　）。

A．承包人提交的担保金额应与收到的合同约定的预付款金额保持一致

B．发包人从工程进度款中已扣除部分预付款后，担保金额可相应递减

C. 担保金额在发包人未扣除全部预付款前应高于合同约定的预付款金额

D. 担保金额不应低于预付款金额减去已向承包人签发的进度款支付证书中扣除的金额

E. 担保金额必须保持与剩余预付款额相同

22. 预付款担保金额尽管在预付款担保书内填写的数额与合同约定的预付款数额一致，但与履约担保不同，当发包人在工程进度款支付中已扣除部分预付款后，（ ）。

A. 担保金额效力不变更

B. 预付款担保效力终止

C. 担保人对承包人保修期内履行合同义务的行为不再承担担保责任

D. 担保金额相应递减

三、简明施工合同

23.（2015—28）采用《简明施工合同》的工程，负责材料和设备的供应人通常为（ ）。

A. 分包人   B. 发包人

C. 施工项目部   D. 承包人

24. 关于简明施工合同，下列说法正确的是（ ）。

A. 适用于工期在 12 个月以上的工程施工

B. 通常承包人仅承担施工义务

C. 通常由承包人负责材料和设备的供应

D. 合同条款较多

25. 适用于工期在 12 个月内的中小工程施工，通常由（ ）负责材料和设备的供应。

A. 发包人   B. 监理工程师

C. 承包人   D. 分包人

习题答案及解析

1. BC	2. B	3. B	4. B	5. C
6. B	7. CDE	8. D	9. ABDE	10. ACD
11. C	12. D	13. ABDE	14. C	15. ABCD
16. C	17. B	18. A	19. A	20. D
21. AB	22. D	23. B	24. B	25. A

【解析】

1. BC。各行业编制的标准施工合同应不加修改地引用《标准施工招标文件》中的"通用合同条款"。除"通用合同条款"明确"专用合同条款"可做出不同约定外，补充和细化的内容不得与"通用合同条款"的规定相抵触，否则抵触内容无效。

2．B。《标准施工合同》和《简明施工合同》的通用条款广泛适用于各类建设工程。各行业编制的标准施工招标文件中的"专用合同条款"可结合施工项目的具体特点，对标准的"通用合同条款"进行补充、细化。除"通用合同条款"明确"专用合同条款"可做出不同约定外，补充和细化的内容不得与"通用合同条款"的规定相抵触，否则抵触内容无效。

4．B。工程实践应用时，通用条款中适用于招标项目的条或款不必在专用条款内重复，需要补充细化的内容应与通用条款的条或款的序号一致，使得通用条款与专用条款中相同序号的条款内容共同构成对履行合同某一方面的完备约定。

6．B。《标准施工合同》中给出的合同附件格式，是订立合同时采用的规范化文件，包括合同协议书、履约担保和预付款担保三个文件。在2014、2017、2019年度的考试中，同样对本题涉及的采分点进行了考查。

9．ABDE。《标准施工合同》规定，合同协议书中除了明确规定对当事人双方有约束力的合同组成文件外，具体招标工程项目订立合同时需要明确填写的内容仅包括发包人和承包人的名称；施工的工程或标段；签约合同价；合同工期；质量标准和项目经理的人选。

12．D。合同协议书是合同组成文件中唯一需要发包人和承包人同时签字盖章的法律文书，因此《标准施工合同》中规定了应用格式。

15．ABCD。标准施工合同要求履约担保采用保函的形式，给出的履约保函标准格式主要表现为以下两个方面的特点：（1）担保期限自发包人和承包人签订合同之日起，至签发工程移交证书日止。没有采用国际招标工程或使用世界银行贷款建设工程的担保期限至缺陷责任期满止的规定，即担保人对承包人保修期内履行合同义务的行为不承担担保责任。（2）担保方式。采用无条件担保方式，即持有履约保函的发包人认为承包人有严重违约情况时，即可凭保函向担保人要求予以赔偿，不需承包人确认。无条件担保有利于当出现承包人严重违约情况，由于解决合同争议而影响后续工程的施工。

16．C。《标准施工合同》要求履约担保采用保函的形式，担保期限自发包人和承包人签订合同之日起，至签发工程移交证书日止。

18．A。履约担保和预付款担保均采用无条件担保方式。

19．A。采用无条件担保形式。担保期限自预付款支付给承包人起生效，至发包人签发的进度付款支付证书说明已完全扣清预付款止。

20．D。《标准施工合同》规定的预付款担保采用银行保函形式。

23．B。由于《简明施工合同》适用于工期在12个月内的中小工程施工，是对《标准施工合同》简化的文本，通常由发包人负责材料和设备的供应，承包人仅承担施工义务，因此合同条款较少。

第二节　施工合同有关各方管理职责

知识导学

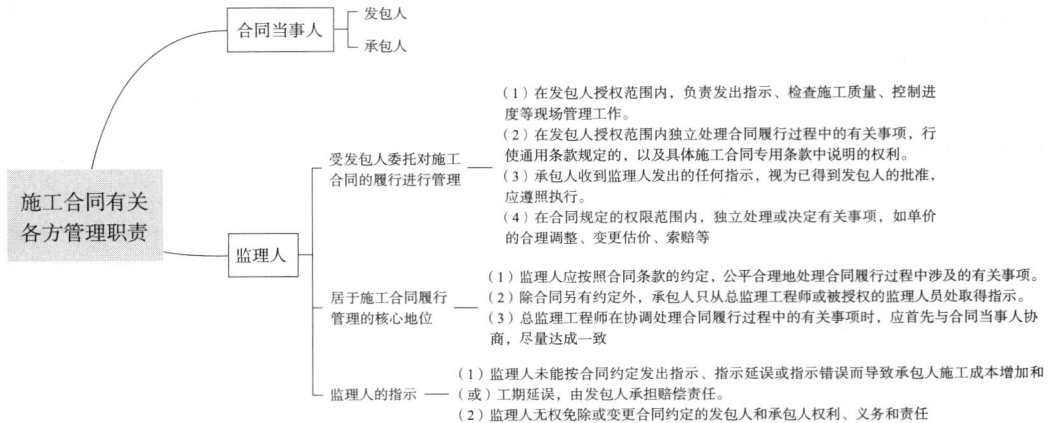

习题汇总

1.（2015—26）根据《标准施工合同》，关于监理人指示的说法，错误的是（　　）。

A. 发布指示前与当事人双方协商，尽量达成一致

B. 监理人的指示无权免除合同约定的承包人义务

C. 监理人的指示无权变更合同约定的承包人权力

D. 监理人的指示有权变更合同约定的发包人义务

2.（2018—28）关于监理人的合同管理地位和职责的说法，正确的是（　　）。

A. 在合同规定的权限范围内，监理人可独立处理变更估价、索赔等事项

B. 监理人向承包人发出的指示，承包人征得发包人批准后执行

C. 发包人可不通过监理人直接向承包人发出工程实施指令

D. 监理人的指示错误给承包人造成损失，由发包人和监理人承担连带责任

3.（2019—65）根据《标准施工招标文件》的施工合同文本通用合同条款，监理人的主要职责有（　　）。

A. 独立处理单价的合理调整和索赔批准

B. 在发包人授权范围内，负责发出指示、检查施工质量、控制进度等现场管理工作

C. 依据工程实际情况作出指示，免除或变更承包人的部分义务

D. 决定发包人与承包人有关合同争议的处理

E. 按照合同约定，公平合理地处理合同履行过程中涉及的有关事项

4.（2020—68）根据《标准施工招标文件》中的通用合同条款，关于监理人指示的说法，正确的有（　　）。

A．监理人指示错误给承包人造成的损失应由发包人承担赔偿责任

B．监理人根据工程情况变化可以指示免除承包人的部分合同责任

C．监理人未按合同约定发出的指示延误导致承包人增加的施工成本应由发包人承担

D．监理人根据工程设计变更指示可以改变承包人的有关合同义务

E．监理人对承包人施工进度计划变更的批准应视为免除承包人工期延误的责任

5.（2021—63）根据《标准施工招标文件》中的通用合同条款，监理人受发包人委托管理施工合同履行的权利有（　　）。

A．在发包人授权范围内发出监理指示

B．根据合同约定向承包人发出变更指示

C．根据工程实际情况免除合同约定的承包人部分义务

D．与施工合同当事人商定变更工程价款

E．检查工程实体、材料和设备质量

6．根据《标准施工合同》，下列关于监理人的说法，错误的是（　　）。

A．监理人是受委托人的委托，对建设工程勘察、设计或施工等阶段进行质量控制、进度控制、投资控制、合同管理、信息管理、组织协调和安全监理的法人或其他组织

B．监理人属于发包人一方的人员，但又不同于发包人的雇员

C．监理人一切行为均应遵照发包人的指示

D．监理人以保障工程按期、按质、按量完成发包人的最大利益为管理目标

7.（2022—29）根据《标准施工招标文件》中的通用合同条款，关于监理人职责和权利的说法正确的是（　　）。

A．监理人在施工合同履行过程中行使任何权利前均需经发包人批准

B．监理人有权变更施工合同约定的承包人的义务

C．监理人无权免除施工合同约定的发包人和承包人的责任

D．监理人对工程材料检验合格则视为其批准，可减轻承包人的责任和义务

8．下列不属于施工合同中监理人职责的是（　　）。

A．独立处理或决定有关事项，如签订分包合同、变更估价、索赔等

B．在发包人授权范围内，负责发出指示、检查施工质量、控制进度等现场管理工作

C．承包人收到监理人发出的任何指示，视为已得到发包人的批准，应遵照执行

D．在发包人授权范围内独立处理合同履行过程中的有关事项，行使通用条款规定的，以及具体施工合同专用条款中说明的权力

9．除合同另有约定外，承包人（　　）取得指示。

A．从总监理工程师和施工单位项目负责人处

B．只从总监理工程师或被授权的监理人员处

C．从施工单位项目负责人处

D．只从发包人处

10．根据《标准施工招标文件》关于监理人指示的说法，正确的是（　　）。

A．发布指示前与当事人双方协商，尽量达成一致

B．监理人的指示有权变更合同约定的发包人义务

C．监理人的指示无权免除合同约定的承包人义务

D．监理人的指示无权变更合同约定的承包人权力

E．监理人的指示有权变更合同约定的发包人权力

11．监理人给承包人发出的指示，承包人应遵照执行。如果监理人的指示错误或失误给承包人造成损失，则由（　　）负责赔偿。

A．监理人和发包人按比例

B．监理人

C．发包人

D．监理人、发包人和设计单位共同

习题答案及解析

1．D	2．A	3．BE	4．AC	5．ABDE
6．C	7．C	8．A	9．B	10．ACD
11．C				

【解析】

4．AC。监理人给承包人发出的指示，承包人应遵照执行。如果监理人的指示错误或失误给承包人造成损失，则由发包人负责赔偿。通用条款明确规定：（1）监理人未能按合同约定发出指示、指示延误或指示错误而导致承包人施工成本增加和（或）工期延误，由发包人承担赔偿责任。（2）监理人无权免除或变更合同约定的发包人和承包人权利、义务和责任。

7．C。监理人在发包人授权范围内独立处理合同履行过程中的有关事项，行使通用条款规定的，以及具体施工合同专用条款中说明的权力。故A选项错误。监理人无权免除或变更合同约定的发包人和承包人权利、义务和责任。故C选项正确。由于监理人不是合同当事人，因此合同约定应由承包人承担的义务和责任，不因监理人对承包人提交文件的审查或批准，对工程、材料和设备的检查和检验，以及为实施监理作出的指示等职务行为而减轻或解除。故B、D选项错误。

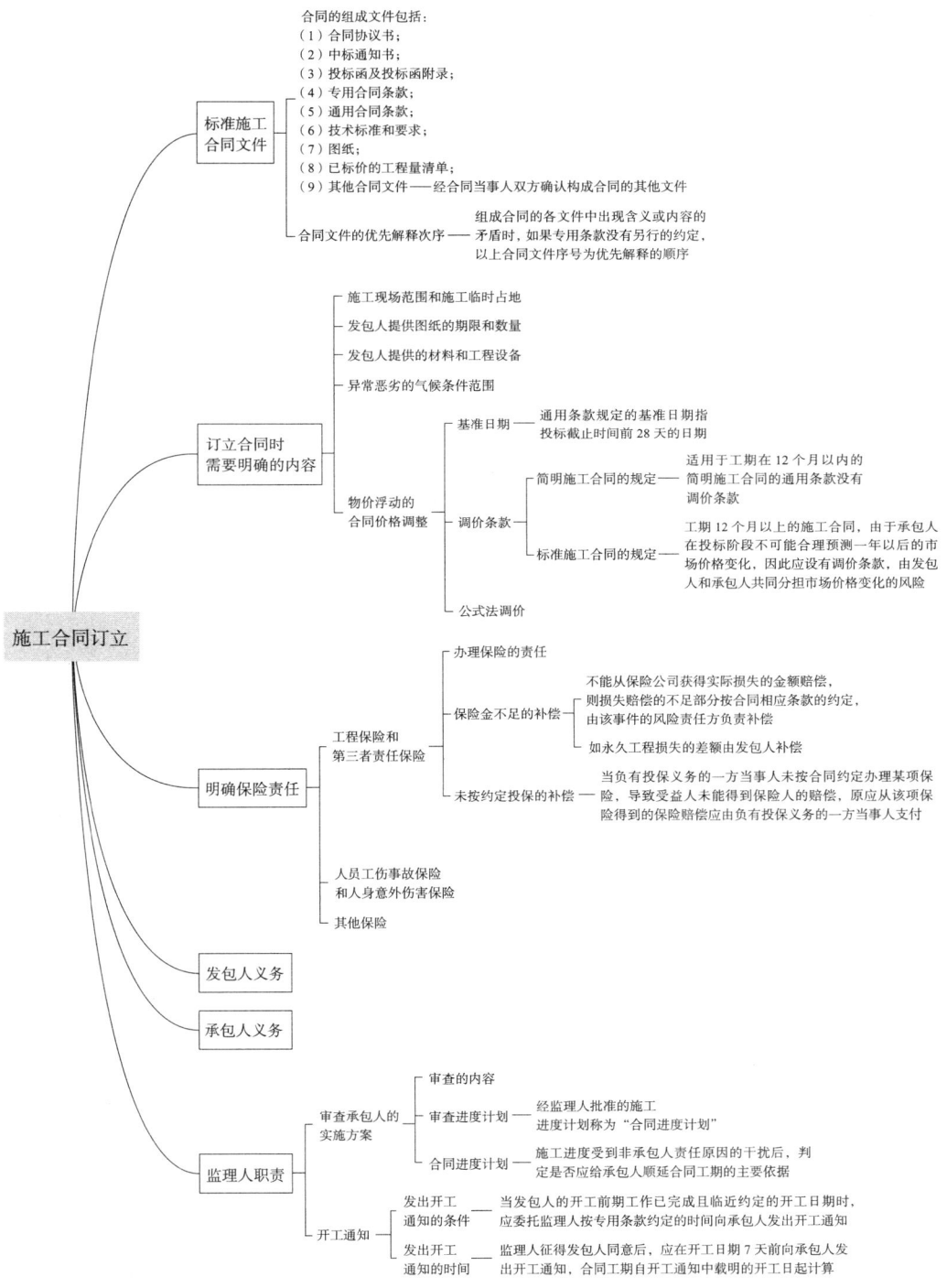

第三节　施工合同订立

知识导学

施工合同订立

- 标准施工合同文件
  - 合同的组成文件包括:
    - (1) 合同协议书;
    - (2) 中标通知书;
    - (3) 投标函及投标函附录;
    - (4) 专用合同条款;
    - (5) 通用合同条款;
    - (6) 技术标准和要求;
    - (7) 图纸;
    - (8) 已标价的工程量清单;
    - (9) 其他合同文件——经合同当事人双方确认构成合同的其他文件
  - 合同文件的优先解释次序——组成合同的各文件中出现含义或内容的矛盾时,如果专用条款没有另行的约定,以上合同文件序号为优先解释的顺序

- 订立合同时需要明确的内容
  - 施工现场范围和施工临时占地
  - 发包人提供图纸的期限和数量
  - 发包人提供的材料和工程设备
  - 异常恶劣的气候条件范围
  - 物价浮动的合同价格调整
    - 基准日期——通用条款规定的基准日期指投标截止时间前28天的日期
    - 调价条款
      - 简明施工合同的规定——适用于工期在12个月以内的简明施工合同的通用条款没有调价条款
      - 标准施工合同的规定——工期12个月以上的施工合同,由于承包人在投标阶段不可能合理预测一年以后的市场价格变化,因此应设有调价条款,由发包人和承包人共同分担市场价格变化的风险
    - 公式法调价

- 明确保险责任
  - 工程保险和第三者责任保险
    - 办理保险的责任
    - 保险金不足的补偿
      - 不能从保险公司获得实际损失的金额赔偿,则损失赔偿的不足部分按合同相应条款的约定,由该事件的风险责任方负责补偿
      - 如永久工程损失的差额由发包人补偿
    - 未按约定投保的补偿——当负有投保义务的一方当事人未按合同约定办理某项保险,导致受益人未能得到保险人的赔偿,原应从该项保险得到的保险赔偿应由负有投保义务的一方当事人支付
  - 人员工伤事故保险和人身意外伤害保险
  - 其他保险

- 发包人义务

- 承包人义务

- 监理人职责
  - 审查承包人的实施方案
    - 审查的内容
    - 审查进度计划——经监理人批准的施工进度计划称为"合同进度计划"
    - 合同进度计划——施工进度受到非承包人责任原因的干扰后,判定是否应给承包人顺延合同工期的主要依据
  - 开工通知
    - 发出开工通知的条件——当发包人的开工前期工作已完成且临近约定的开工日期时,应委托监理人按专用条款约定的时间向承包人发出开工通知
    - 发出开工通知的时间——监理人征得发包人同意后,应在开工日期7天前向承包人发出开工通知,合同工期自开工通知中载明的开工日起计算

习题汇总

一、标准施工合同文件

（一）合同文件的组成

1.（2018—69）《标准施工合同》通用条款规定的合同组成文件包括（　　）。

A．招标文件　　　　　　　　　　　B．投标函及投标函附录

C．中标通知书　　　　　　　　　　D．工程量清单

E．合同协议书

（二）合同文件的优先解释次序

2.（2019—31）下列合同文件中，属于《标准施工招标文件》中施工合同文本的合同文件，在专用条款没有另行约定的情况下，其正确的解释次序是（　　）。

A．中标通知书、专用合同条款、通用合同条款、合同协议书

B．合同协议书、通用合同条款、专用合同条款、中标通知书

C．合同协议书、中标通知书、专用合同条款、通用合同条款

D．中标通知书、合同协议书、专用合同条款、通用合同条款

3．下列组成合同的各文件中出现含义或内容的矛盾时，解释顺序优先的是（　　）。

A．技术标准和要求　　　　　　　　B．图纸

C．投标函及投标函附录　　　　　　D．已标价的工程量清单

（三）几个文件的含义

仅做了解即可。

二、订立合同时需要明确的内容

4．订立施工合同时需要明确的内容有（　　）。

A．违约责任的承担方式　　　　　　B．发包人提供图纸的期限和数量

C．发包人提供的材料和工程设备　　D．异常恶劣的气候条件范围

E．物价浮动的合同价格调整

（一）施工现场范围和施工临时占地

本部分内容一般不会进行考查，仅做了解即可。

（二）发包人提供图纸的期限和数量

5.（2016—67）根据《标准施工合同》,如果承包人有专利技术且有相应设计资质,双方约定由承包人完成部分工程施工图设计时,需要在订立合同时明确的内容有（　　）。

A．发包人提交施工图审查的时间　　B．承包人的设计范围

C．承包人提交设计文件的期限　　　D．承包人提交设计文件的数量

E．监理人签发图纸修改的期限

6.（2022—30）根据《标准施工招标文件》中的通用合同条款，合同中的"图纸"

应包括（　　）。

  A．招标图纸

  B．施工图

  C．招标图纸和施工图

  D．承包人依据施工图提供的加工图

（三）发包人提供的材料和工程设备

7．根据《标准施工合同》，对于包工部分包料的施工承包方式，往往设备和主要建筑材料由发包人负责提供，需明确约定发包人提供的材料和设备分批交货的（　　）等，以便明确合同责任。

  A．种类   B．规格、数量

  C．交货期限   D．交货地点

  E．价格

（四）异常恶劣的气候条件范围

8．（2019—32）根据《标准施工招标文件》的施工合同文本通用合同条款，"不利气候条件"对施工的影响应当属于（　　）承担的风险。

  A．发包人   B．承包人

  C．发包人和承包人共同   D．由专用条款约定的一方

（五）物价浮动的合同价格调整

1．基准日期

9．（2016—29）为了明确划分由于政策法规变化或市场物价浮动对合同价格影响的责任，《标准施工合同》中的通用条款规定的基准日期是指（　　）。

  A．投标截止日前第14日   B．投标截止日前28日

  C．招标公告发布之日前第14日   D．招标公告发布之日前第28日

10．（2019—66）关于《标准施工招标文件》的施工合同文本通用合同条款规定的"基准日期"的说法，正确的有（　　）。

  A．承包人以基准日期前的市场价格编制工程报价

  B．长期合同中调价公式中的可调因素价格指数以基准日的价格为准

  C．承包人以基准日期后的市场价格编制工程报价

  D．基准日期后，因法律政策、规范标准的变化，导致承包人工程成本发生约定

      以外的增减，相应调整合同价款

  E．基准日期即为投标截止日

11．订立施工合同时通用条款规定的基准日期指投标截止日前第（　　）日，规定基准日期的作用是划分该日后由于政策法规的变化或市场物价浮动对合同价格影响的责任。

  A．21   B．24

  C．28   D．30

12．承包人以基准日期前的市场价格编制工程报价，长期合同中调价公式中的可调因素价格指数来源于（　　）的价格。

A．基准日

B．基准日3日前

C．基准日7日前

D．上一年度同期基准日

2．调价条款

13．（2015—30）施工合同履行期间市场价格浮动对施工成本造成影响时，是否允许调整合同价格要视（　　）来决定。

A．合同工期长短

B．材料价格浮动幅度

C．合同计价方式

D．劳动力价格浮动幅度

14．（2015—67）根据《标准施工合同》，关于市场物价浮动对合同价格影响的说法，错误的有（　　）。

A．工期12个月以上的施工合同，应设有调价条款

B．发包人和承包人共同分担市场价格变化风险

C．施工合同价格可采用票据法进行调整

D．调整价格的方法适用于工程量清单中所有工程款

E．总价支付部分不考虑物价浮动对合同价格的调整

15．施工合同履行期间市场价格浮动对施工成本造成影响时，是否允许调整合同价格要视（　　）来决定。

A．材料价格浮动幅度

B．劳动力价格浮动幅度

C．合同工期长短

D．合同计价方式

16．根据《标准施工合同》，工期（　　）个月以上的施工合同，应设有调价条款。

A．3

B．6

C．12

D．9

3．公式法调价

17．（2021—31）根据《标准施工招标文件》中的通用合同条款，价格调整公式中的定值权重为0.2时，可调因子的变值权重之和为（　　）。

A．0.8

B．1.0

C．1.2

D．1.8

三、明确保险责任

18．保险的正确处理方式有（　　）。

A．承包人应以自己的名义投保施工设备险

B．发包人应以自己的名义投保工程设备险

C．承包人应以自己的名义投保进场材料险

D．发包人应为履行合同的本方人员缴纳工伤保险费

E．发承包双方应分别为自己在现场项目管理机构的所有人员投保人身意外伤害险

（一）工程保险和第三者责任保险

1．办理保险的责任

19.（2015—31）根据《标准施工合同》，承包人需要变动保险合同条款时，正确的处理方式是（　　）。

A．直接与保险人协商一致后，通知发包人

B．直接与保险人协商一致后，通知监理人

C．应事先征得发包人同意，并通知监理人

D．应事先征得监理人同意，并通知发包人

20.（2016—30）根据《标准施工合同》，投保"建筑工程一切险"的正确做法是（　　）。

A．承包人负责投保，并承担办理保险的费用

B．发包人负责投保，并承担办理保险的费用

C．承包人负责投保，发包人承担办理保险的费用

D．发包人负责投保，承包人承担办理保险的费用

21.（2017—31）根据《标准施工合同》，投保"建筑工程一切险"和"第三者责任险"的正确做法是（　　）。

A．分别由发包人和承包人负责投保　　　　B．均由发包人负责投保

C．分别由承包人和发包人负责投保　　　　D．均由承包人负责投保

22.（2019—33）根据《标准施工招标文件》的施工合同文本通用合同条款，如果一个建设工程项目的施工采用平行发包的方式分别交由多个承包人施工，为防止重复投保或漏保，双方可在专用条款中约定由（　　）投保为宜。

A．发包人　　　　　　　　　　　　　　　B．由其中一个承包人

C．由多个承包人分别　　　　　　　　　　D．组成联合体

23.（2020—66）根据《标准施工招标文件》中的通用合同条款，投保建筑工程一切险时，需要在专用合同条款中约定的内容有（　　）。

A．投保人　　　　　　　　　　　　　　　B．投保内容

C．保险金额　　　　　　　　　　　　　　D．保险费率

E．保险期限

24.《标准施工合同》和《简明施工合同》的通用条款中均规定由（　　）负责投保"建筑工程一切险""安装工程一切险"和"第三者责任保险"，并承担办理保险的费用。

A．发包人　　　　　　　　　　　　　　　B．发包人和承包人

C．承包人　　　　　　　　　　　　　　　D．监理人

25．设计施工总承包合同承包人需要变动保险合同条款时，应（　　）。

A．将变动结果及时通知发包人

B．事先征得发包人与监理人的同意

C. 事先征得发包人同意，并通知监理人

D. 事先征得监理人同意，并通知发包人

26. 无论是由承包人还是发包人办理工程险和第三者责任保险，均必须以（　　）投保，以保障出现损失时，可从保险公司获得赔偿。

A. 发包人名义

B. 承包人名义

C. 发包人和承包人的共同名义

D. 承包人和保证人的共同名义

2. 保险金不足的补偿

27. （2014—28）根据《标准施工合同》，投保工程一切险的保险金额不足以赔偿实际损失时，差额部分应由（　　）进行补偿。

A. 发包人

B. 承包人

C. 合同条款确定的该风险责任人

D. 造价咨询机构

28. （2016—68）如果投保工程一切险的保险金额少于工程实际价值，工程因保险事件的损害时，正确做法有（　　）。

A. 保险公司按投保的保险金额所占百分比赔偿实际损失

B. 损失赔偿的不足部分由保险事件的风险责任方负责补偿

C. 永久工程损失赔偿的不足部分由发包人承担

D. 已完成工程损失由承包人承担

E. 施工设备和进场材料损失由保险公司承担

29. （2018—31）根据《标准施工合同》，工程保险可以采用不足额投保方式，即工程受到保险事件损害时，保险公司赔偿损失后的不足部分，按合同约定由（　　）负责补偿。

A. 发包人

B. 承包人

C. 事件的风险责任人

D. 监理人

30. 永久工程损失的差额由（　　）进行补偿。

A. 发包人

B. 承包人

C. 造价咨询机构

D. 合同条款确定的该风险责任人

31. 如果投保工程一切险的保险金额少于工程实际价值，工程受到保险事件的损害时，不能从保险公司获得实际损失的全额赔偿，则损失赔偿的不足部分按合同相应条款的约定，由该事件的（　　）负责补偿。

A. 保险人

B. 被保险人

C. 受益人

D. 风险责任方

3. 未按约定投保的补偿

32. （2020—22）根据《标准施工招标文件》中的通用合同条款，负有投保义务的一方当事人未按合同约定办理保险，导致受益人未能得到保险人赔偿的，损失赔偿应由（　　）承担。

A. 发包人

B. 承包人

C．受益人　　　　　　　　　　　D．负有投保义务的当事人

（二）人员工伤事故保险和人身意外伤害保险

33．（2022—31）根据《标准施工招标文件》中的通用合同条款，在工程整个施工期间应为其现场雇用的全部人员投保人身意外伤害险并缴纳保险费的投保人是（　　）。

A．发包人和设计人　　　　　　　B．承包人和分包人

C．发包人和监理人　　　　　　　D．发包人和承包人

（三）其他保险

34．（2015—68）根据《标准施工合同》，保险的正确处理方式有（　　）。

A．发承包双方应分别为自己在现场所有人员投保人身意外伤害险

B．发包人应以自己的名义投保工程设备险

C．承包人应以自己的名义投保施工设备险

D．发包人应为履行合同的本方人员缴纳工伤保险费

E．承包人应以自己的名义投保进场材料险

1．承包人的施工设备保险

仅做了解即可。

2．进场材料和工程设备保险

35．进场材料和工程设备保险，通常情况下，（　　）。

A．由承包人和发包人分工办理相应的保险

B．应是谁采购的材料和工程设备，由谁办理相应的保险

C．无论是谁采购的材料和工程设备，均由发包人办理相应的保险

D．无论是谁采购的材料和工程设备，均由承包人办理相应的保险

四、发包人义务

36．（2018—70）根据《标准施工合同》，发包人在施工准备阶段的主要义务有（　　）。

A．审定施工方案　　　　　　　　B．组织设计交底

C．提供施工现场　　　　　　　　D．约定开工时间

E．讨论通过施工组织设计

37．（2021—23）根据《标准施工招标文件》中的通用合同条款，属于发包人义务的是（　　）。

A．组织设计交底　　　　　　　　B．编制施工环保措施计划

C．审批施工组织设计　　　　　　D．组织论证专项施工方案

38．施工准备阶段发包人的义务包括（　　）。

A．提供施工场地　　　　　　　　B．组织设计交底

C．编制施工实施计划　　　　　　D．约定开工时间

E．现场勘察

（一）提供施工场地

1. 施工现场

仅做了解即可。

2. 地下管线和地下设施的相关资料

39. 应按专用条款约定及时向承包人提供施工场地范围内地下管线和地下设施等有关资料的是（   ）。

A. 监理工程师   B. 发包人

C. 设计单位   D. 勘察单位

3. 现场外的道路通行权

40.（2020—65）根据《标准施工招标文件》中的通用合同条款，承包人按合同约定应履行的职责有（   ）。

A. 按工作内容和施工进度要求，编制施工组织设计和施工进度计划

B. 负责办理施工场地临时道路占用的许可手续

C. 测设施工控制网并报监理人审批

D. 负责在施工现场建立完善的工程质量管理体系

E. 对深基坑工程和地下暗挖工程编制专项施工方案

41. 应根据合同工程的施工需要，负责办理取得出入施工场地的专用和临时道路的通行权，以及取得为工程建设所需修建场外设施的权利，并承担有关费用的主体是（   ）。

A. 承包人   B. 监理人

C. 勘察人   D. 发包人

（二）组织设计交底

42.（2014—29）根据《标准施工合同》，施工准备阶段设计交底应由（   ）组织。

A. 设计人   B. 监理人

C. 发包人   D. 总承包人

（三）约定开工时间

仅做了解即可。

五、承包人义务

43.（2017—32）根据《标准施工合同》，承包人在工程施工准备阶段的义务是（   ）。

A. 办理出入施工现场的道路通行手续

B. 建立施工现场质量管理体系

C. 确定施工测量的基准点和基准线

D. 收集地下管线和地下设施相关资料

44.（2021—37）根据《标准施工合同文件》中的通用合同条款，承包人应在施工过程中负责管理施工控制网点，并在（   ）后将其移交发包人。

A．工程缺陷责任期届满　　　　　　　B．工程竣工

C．工程竣工后验收合格　　　　　　　D．工程最终结算

45．工程施工准备阶段承包人应履行的义务有（　　）。

A．测设施工控制网

B．收集地下管线资料

C．提交工程开工报审表

D．施工现场内的交通道路和临时工程

E．组织施工图纸会审

46．施工组织设计完成后，承包人按专用条款的约定，将施工进度计划和施工方案说明报送（　　）审批。

A．设计单位负责人　　　　　　　　　B．勘察单位负责人

C．总承包单位负责人　　　　　　　　D．监理人

47．（2022—32）根据《建设工程安全生产管理条例》，承包人需要编制专项施工方案并经专家论证的工程是（　　）。

A．高空作业工程　　　　　　　　　　B．深水作业工程

C．大爆破工程　　　　　　　　　　　D．地下暗挖工程

48．对于（　　）危险性较大的分部分项工程的专项施工，除编制专项施工方案外还需经5人以上专家论证方案的安全性和可靠性。

A．深基坑工程　　　　　　　　　　　B．地下暗挖工程

C．高大模板工程　　　　　　　　　　D．爆破工程

E．脚手架工程

49．承包人依据监理人提供的测量基准点、基准线和水准点及其书面资料，根据国家测绘基准、测绘系统和工程测量技术规范以及合同中对工程精度的要求，测设施工控制网，并将施工控制网点的资料报送（　　）审批。

A．设计单位主要负责人　　　　　　　B．勘察单位主要负责人

C．发包人　　　　　　　　　　　　　D．监理人

六、监理人职责

（一）审查承包人的实施方案

1．审查的内容

50．（2015—32）根据《标准施工合同》，监理人在工程施工准备阶段的职责是（　　）。

A．组织施工图设计交底　　　　　　　B．审查承包人质量管理体系

C．组织专项施工方案论证　　　　　　D．审查暂估价及暂列金额

51．施工准备阶段，监理人对承包人报送的（　　）进行认真的审查，批准或要求承包人对不满足合同要求的部分进行修改。

A．地下管线和地下设施的相关资料　　B．设计文件

    C．施工组织设计   D．质量管理体系

    E．环境保护措施

2. 审查进度计划

52．（2015—36）根据《标准施工合同》，"合同进度计划"是指（　　）。

A．承包人投标书内提交的进度计划

B．施工准备阶段承包人编制的进度计划

C．承包人按监理人指示修改后经监理人批准的进度计划

D．承包人按监理人指示修改后经发包人批准的进度计划

53．关于监理人审查承包人实施方案，下列说法不正确的是（　　）。

A．合同进度计划是施工进度受到非承包人责任原因的干扰后，判定是否应给承包人顺延合同工期的主要依据

B．经监理人批准的施工进度计划称为"合同进度计划"

C．为了便于工程进度管理，监理人可以要求承包人在合同进度计划的基础上编制并提交分阶段和分项的进度计划

D．监理人审查进度计划后，未在专用条款约定的期限内批复或提出修改意见，视为该进度计划不予批准

3. 合同进度计划

54．（2014—68）根据《标准施工合同》，合同进度计划的主要作用有（　　）。

A．监理人控制合同进度的依据

B．监理人签认进度付款证书的依据

C．施工进度受到干扰后，监理人判定是否应顺延合同工期的依据

D．承包人编制分阶段和分项进度计划的基础

E．监理人确认承包人逾期违约的依据

（二）开工通知

1. 发出开工通知的条件

    仅做了解即可。

2. 发出开工通知的时间

55．（2016—32）根据《标准施工合同》，合同工期应自（　　）载明的开工日起计算。

    A．发包人发出的中标通知书   B．监理人发出的开工通知

    C．合同双方签订的合同协议书   D．监理人批准的施工进度计划

56．（2017—33）根据《标准施工合同》，监理人征得发包人同意后，应在开工日期（　　）日前向承包人发出开工通知。

    A．7   B．14

    C．21   D．28

57．（2018—32）根据《标准施工合同》，监理人在施工准备阶段的职责是（　　）。

A．按专用条款约定的时间向承包人无条件发出开工通知

B．在开工日期 15 日前向承包人发出开工通知

C．批准或要求修改承包人报送的施工进度计划

D．组织编制施工"合同进度计划"

习题答案及解析

1．BCE	2．C	3．C	4．BCDE	5．BCDE
6．B	7．ABCD	8．B	9．B	10．ABD
11．C	12．A	13．A	14．CD	15．C
16．C	17．A	18．ADE	19．C	20．A
21．D	22．A	23．BCDE	24．C	25．C
26．C	27．C	28．BC	29．C	30．A
31．D	32．D	33．D	34．ACD	35．B
36．BCD	37．A	38．ABD	39．B	40．ACDE
41．D	42．C	43．B	44．B	45．ACD
46．D	47．D	48．ABC	49．D	50．B
51．CDE	52．C	53．D	54．AC	55．B
56．A	57．C			

【解析】

1．BCE。《标准施工合同》的通用条款中规定，合同的组成文件包括：（1）合同协议书；（2）中标通知书；（3）投标函及投标函附录；（4）专用合同条款；（5）通用合同条款；（6）技术标准和要求；（7）图纸；（8）已标价的工程量清单；（9）经合同当事人双方确认构成合同的其他文件。组成合同的各文件中出现含义或内容的矛盾时，如果专用条款没有另行的约定，以上合同文件序号为优先解释的顺序。在 2003、2007、2014 年度的考试中，同样对本题涉及的采分点进行了考查。

2．C。《标准施工合同》的通用条款中规定，合同的组成文件包括：（1）合同协议书；（2）中标通知书（3）投标函及投标函附录（4）专用合同条款；（5）通用合同条款；（6）技术标准和要求；（7）图纸（8）已标价的工程量清单（9）经合同当事人双方确认构成合同的其他文件。组成合同的各文件中出现含义或内容的矛盾时，如果专用条款没有另行的约定，以上合同文件序号为优先解释的顺序。在 2002、2003、2005、2008、2010、2015、2016、2017 年度的考试中，同样对本题涉及的采分点进行了考查。

5．BCDE。如果承包人有专利技术且有相应的设计资质，可能约定由承包人完成部分施工图设计。此时也应明确承包人的设计范围，提交设计文件的期限、数量，以及监理人签发图纸修改的期限等。

9．B。通用条款规定的基准日期指投标截止时间前 28 日的日期。在 2018 年度的考试中，同样对本题涉及的采分点进行了考查。

29．C。如果投保工程一切险的保险金额少于工程实际价值，工程受到保险事件的损害时，不能从保险公司获得实际损失的全额赔偿，则损失赔偿的不足部分按合同相应条款的约定，由该事件的风险责任方负责补偿。

33．D。发包人和承包人应按照相关法律规定为履行合同的本方人员缴纳工伤保险费，并分别为自己现场项目管理机构的所有人员投保人身意外伤害保险。

36．BCD。施工准备阶段发包人的义务：（1）提供施工场地；（2）组织设计交底；（3）约定开工时间。

47．D。按照《建设工程安全生产管理条例》规定，在施工组织设计中应针对深基坑工程、地下暗挖工程、高大模板工程、高空作业工程、深水作业工程、大爆破工程的施工编制专项施工方案。对于前3项危险性较大的分部分项工程的专项施工，还需经5人以上专家论证方案的安全性和可靠性。

50．B。在施工准备阶段监理人的职责包括：（1）审查承包人的实施方案；（2）开工通知。审查承包人的实施方案主要是监理人对承包人报送的施工组织设计、质量管理体系、环境保护措施进行认真的审查，批准或要求承包人对不满足合同要求的部分进行修改。

55．B。监理人征得发包人同意后，应在开工日期7日前向承包人发出开工通知，合同工期自开工通知中载明的开工日起计算。

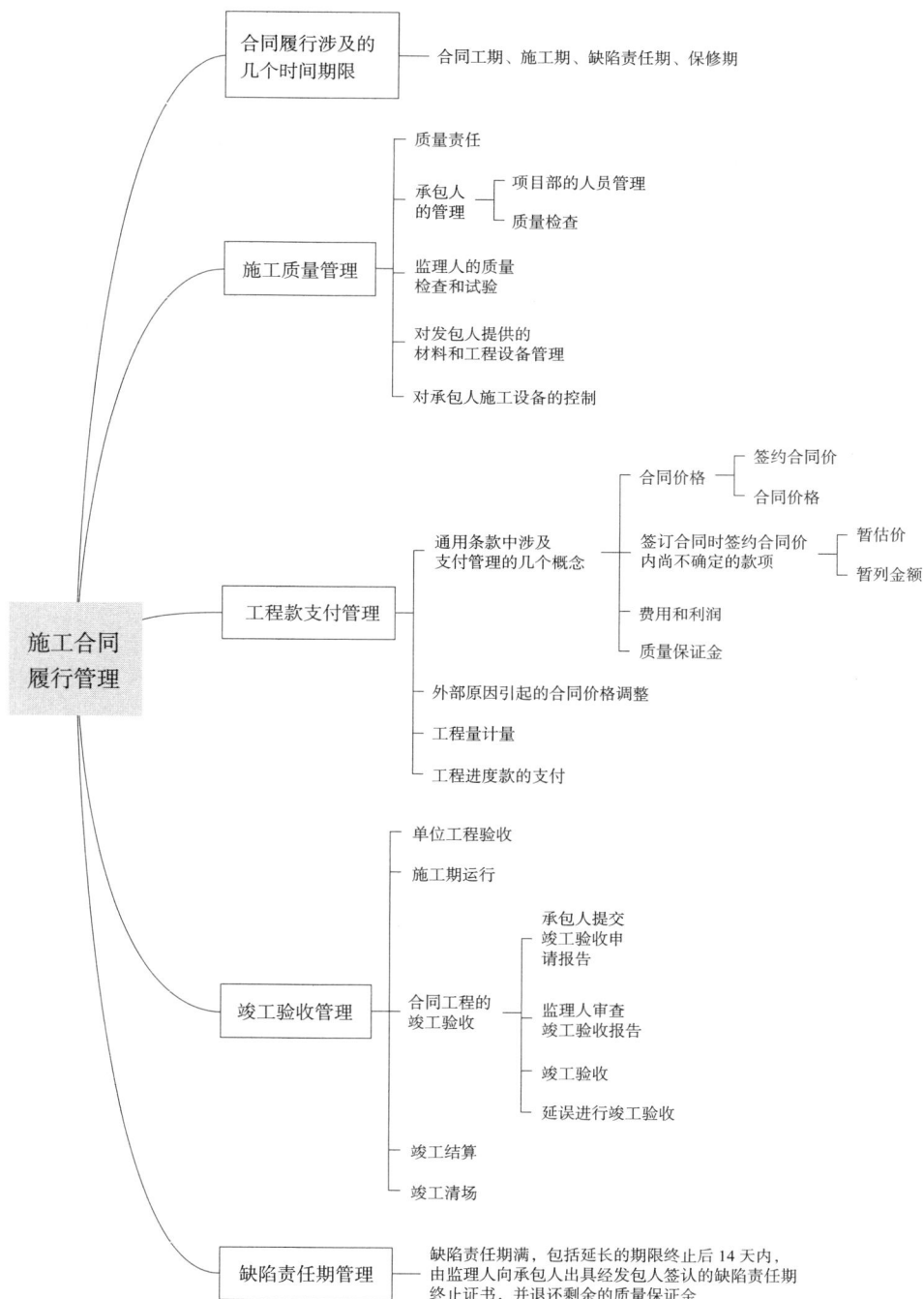

第四节　施工合同履行管理

知识导学

```
施工合同          ├─ 合同履行涉及的 ──── 合同工期、施工期、缺陷责任期、保修期
履行管理              几个时间期限

                 ├─ 施工质量管理 ──┬─ 质量责任
                 │                ├─ 承包人 ──┬─ 项目部的人员管理
                 │                │   的管理   └─ 质量检查
                 │                ├─ 监理人的质量
                 │                │   检查和试验
                 │                ├─ 对发包人提供的
                 │                │   材料和工程设备管理
                 │                └─ 对承包人施工设备的控制

                 ├─ 工程款支付管理 ──┬─ 通用条款中涉及 ──┬─ 合同价格 ──┬─ 签约合同价
                 │                 │   支付管理的几个概念  │            └─ 合同价格
                 │                 │                     ├─ 签订合同时签约合同价 ──┬─ 暂估价
                 │                 │                     │   内尚不确定的款项        └─ 暂列金额
                 │                 │                     ├─ 费用和利润
                 │                 │                     └─ 质量保证金
                 │                 ├─ 外部原因引起的合同价格调整
                 │                 ├─ 工程量计量
                 │                 └─ 工程进度款的支付

                 ├─ 竣工验收管理 ──┬─ 单位工程验收
                 │                ├─ 施工期运行
                 │                ├─ 合同工程的 ──┬─ 承包人提交
                 │                │   竣工验收    │   竣工验收申
                 │                │              │   请报告
                 │                │              ├─ 监理人审查
                 │                │              │   竣工验收报告
                 │                │              ├─ 竣工验收
                 │                │              └─ 延误进行竣工验收
                 │                ├─ 竣工结算
                 │                └─ 竣工清场

                 └─ 缺陷责任期管理 ──── 缺陷责任期满，包括延长的期限终止后 14 天内，
                                       由监理人向承包人出具经发包人签认的缺陷责任期
                                       终止证书，并退还剩余的质量保证金
```

习题汇总

一、合同履行涉及的几个时间期限

（一）合同工期

1．（2018—33）《标准施工合同》中的"合同工期"是指（　　）。

A．承包人完成工程从开工之日起至实际竣工日经历的期限

B．合同协议书中写明的施工总日历天数

C．承包人从监理人发出的开工通知中写明的开工日起，至工程接收证书中写明的实际竣工日止的期限

D．承包人在投标函内承诺完成工程的时间期限，以及按照合同条款通过变更和索赔程序应给予的顺延工期时间之和

（二）施工期

2．根据《标准施工合同》，施工期（　　）。

A．是指承包人在投标函内承诺完成合同工程的时间期限，以及按照合同条款通过变更和索赔程序应给予顺延工期的时间之和

B．从监理人发出的开工通知中写明的开工日起算，至工程接收证书中写明的实际竣工日止

C．从工程接收证书中写明的竣工日开始起算，期限视具体工程的性质和使用条件的不同在专用条款内约定（一般为1年）

D．是用于判定承包人是否按期竣工的标准

3．（2017—34）根据《标准施工合同》，施工期的结束日期是指（　　）。

A．发包人组织的工程竣工验收合格日

B．工程施工合同中双方约定的完工日

C．工程接收证书中写明的实际竣工日

D．承包人施工任务的实际完工日

4．承包人施工期从监理人发出的开工通知中写明的开工日起算，至工程接收证书中写明的实际竣工日止的时间称为（　　）。

A．施工期　　　　　　　　　　　　B．合同工期

C．缺陷责任期　　　　　　　　　　D．保修期

（三）缺陷责任期

5．关于施工合同中缺陷责任期的表述，不正确的是（　　）。

A．缺陷责任期从工程接收证书中写明的竣工日开始起算

B．缺陷责任期一般为1年

C．包括延长时间在内的缺陷责任期最长时间不得超过18个月

D．影响工程正常运行的有缺陷工程或部位，在修复检验合格日前已经过的时间

归于无效，重新计算缺陷责任期

（四）保修期

仅做了解即可。

二、施工进度管理

（一）合同进度计划的动态管理

仅做了解即可。

（二）可以顺延合同工期的情况

1. 发包人原因延长合同工期

6. 通用条款中明确规定，由于发包人原因导致的延误，承包人有权获得工期顺延和（或）费用加利润补偿的情况包括（　　）。

A. 减少合同工作内容

B. 提供图纸延误

C. 因发包人原因导致的暂停施工

D. 未按合同约定及时支付预付款、进度款

E. 改变合同中任何一项工作的质量要求或其他特性

2. 异常恶劣的气候条件

仅做了解即可。

（三）承包人原因的延误

7.（2015—33）根据《标准施工合同》，因承包人原因逾期竣工时，承包人应支付的逾期竣工违约金最高限额为签约合同价的（　　）。

A. 1%　　　　　　　　　　　　　B. 2%

C. 3%　　　　　　　　　　　　　D. 5%

（四）暂停施工

1. 暂停施工的责任

8.（2020—69）根据《标准施工招标文件》中的通用合同条款，施工中因（　　）引起的暂停施工，承包人有权要求延长工期、增加费用和支付合理利润。

A. 发包人负责提供的设备未按时到位

B. 发包人委托的设计人提供的设计文件错误

C. 发生不可抗力

D. 承包人原因进行施工方案调整

E. 承包人施工机械故障

9.（2022—68）根据《标准施工招标文件》中的通用合同条款，工程发生暂停施工时，不给予承包人费用和工期补偿的情形有（　　）。

A. 承包人施工机械故障维修引起暂停施工

B. 承包人违反安全管理规定造成安全事故引起暂停施工

C. 发包人采购的材料未能按时到货停工待料引起暂停施工

D. 承包人为提高施工效率优化施工方案引起暂停施工

E. 由于工程交叉施工，监理人从整体协调指示承包人暂停施工

10. （2021—66）根据《标准施工招标文件》中的通用合同条款，由承包人承担增加的费用和工期延误的情形有（   ）。

A. 由于承包人原因为安全保障所必需的暂停施工

B. 承包人负责采购、运输的材料未能按期运到工地

C. 因不可抗力事件导致承包人暂停施工

D. 因不利物质条件导致承包人暂停施工

E. 发包人负责采购的工程设备未能按期运到工地

11. 发包人责任的暂停施工大体可以分为（   ）。

A. 不可抗力

B. 由于承包人原因为工程合理施工和安全保障所必需的暂停施工

C. 行政管理部门的指令

D. 发包人未履行合同规定的义务

E. 协调管理原因

2. 暂停施工程序

12. （2020—27）根据《标准施工招标文件》中的通用合同条款，在暂停施工期间，负责施工现场保护和安全保障的主体是（   ）。

A. 发包人   B. 监理人

C. 承包人   D. 监理人和承包人

3. 紧急情况下的暂停施工

13. 由于发包人的原因发生暂停施工的紧急情况，且监理人未及时下达暂停施工指示，承包人可先暂停施工并及时向监理人提出暂停施工的书面请求。监理人应在接到书面请求后的（   ）h 内予以答复，逾期未答复视为同意承包人的暂停施工请求。

A. 8   B. 12

C. 16   D. 24

（五）发包人要求提前竣工

14. （2020—32）根据《标准施工招标文件》中的通用合同条款，发包人根据实际情况向承包人提出提前竣工要求的，应在提前竣工协议中明确的内容是（   ）。

A. 承包人修订的进度计划和赶工措施，发包人提供的条件和追加的合同价款

B. 发包人提出的赶工要求和追加合同价款，承包人要求的奖励办法

C. 发包人修订的进度计划和奖励办法，承包人提出的赶工措施和追加的费用

D. 承包人修订的进度计划和施工条件要求，发包人的工期要求和追加的合同价款

15. （2022—69）根据《标准施工招标文件》中的通用合同条款，工程提前竣工时，发包人与承包人签署的提前竣工协议应包括的内容有（   ）。

A．承包人修订的进度计划和赶工措施

B．发包人提出的工期提前的要求

C．承包人提出的工期变更索赔申请

D．发包人提供的条件和追加的合同价款

E．提前竣工给发包人带来效益应给承包人的奖励

三、施工质量管理

（一）质量责任

16．施工阶段因承包人原因造成工程质量达不到合同约定验收标准，监理人有权要求承包人返工直至符合合同要求为止，由此造成的（　　）。

A．费用增加由发包人承担，工期延误由承包人承担

B．费用增加由承包人承担，工期延误由发包人承担

C．费用增加和（或）工期延误由承包人承担

D．费用增加和（或）工期延误由发包人承担

（二）承包人的管理

1．项目部的人员管理

17．（2020—71）根据《标准施工招标文件》中的通用合同条款，承包人施工项目部人员管理的主要措施有（　　）。

A．在施工现场设立专门的质量检验机构

B．施工人员的质量教育和技术培训

C．严格执行规范和操作规程

D．现场施工人员的职称和职业资格审查

E．定期考核施工人员的劳动技能

2．质量检查

18．（2022—33）某工程施工合同约定，土方填筑作业每一层必须经监理人检验。承包人以工期紧为由，未通知监理人到场检查，自行检验后进行了填筑作业。监理人指示承包人按填筑层厚逐层揭开检验，经随机抽检，填筑质量符合合同要求，由此增加的费用和工期延误由（　　）承担。

A．发包人　　　　　　　　　　B．承包人

C．发包人和承包人共同　　　　D．承包人和监理人共同

（三）监理人的质量检查和试验

1．与承包人的共同检验和试验

19．（2018—35）根据《标准施工合同》，关于监理人对质量检验和试验的说法，正确的是（　　）。

A．监理人收到承包人共同检验的通知，未按时参加检验，承包人单独检验，该检验无效

B. 监理人对承包人的检验结果有疑问，要求承包人重新检验时，由监理人和第三方检测机构共同进行

C. 监理人对承包人已覆盖的隐蔽工程部分质量有疑问时，有权要求承包人对已覆盖的部位进行揭开重新检验

D. 重新检验结果证明质量符合合同要求的，因此增加的费用由发包人和监理人共同承担

2. **监理人指示的检验和试验**

20.（2020—30）根据《标准施工招标文件》中的通用合同条款，关于监理人对承包人的材料、设备和工程的质量试验和检验的说法，正确的是（　　）。

A. 承包人按合同约定进行材料、设备和工程的试验和检验，均须由监理人组织

B. 监理人未按合同约定派员参加试验和检验的，承包人应重新组织试验和检验

C. 监理人对承包人的试验和检验结果有疑问，要求承包人重新试验和检验的，须经发包人同意

D. 监理人提出的重新试验和检验证明材料、设备和工程的质量不符合合同要求的，由此造成的费用增加和工期延误由承包人承担

21. 关于监理人质量检验和试验，下列说法中正确的有（　　）。

A. 收到承包人共同检验的通知后，监理人既未发出变更检验时间的通知，又未按时参加，承包人为了不延误施工可以单独进行检查和试验，将记录送交监理人后可继续施工

B. 监理人对已覆盖的隐蔽工程部位质量有疑问时，可要求承包人对已覆盖的部位进行钻孔探测或揭开重新检验

C. 隐蔽工程重新检验的，由此增加的费用和（或）工期延误均应由承包人承担

D. 监理人应与承包人共同进行材料、设备的试验和工程隐蔽前的检验

E. 监理人对承包人的试验和检验结果有疑问，或为查清承包人试验和检验成果的可靠性要求承包人重新试验和检验时，应由监理人、承包人和第三方机构共同进行

（四）对发包人提供的材料和工程设备管理

22. （2016—34）根据《标准施工合同》，对于发包人提供的材料和工程设备，承包人应在约定时间内（　　）共同进行验收。

A. 会同监理人在交货地点

B. 会同发包人代表、监理人在交货地点

C. 会同监理人在施工现场

D. 会同发包人代表、监理人在施工现场

23. （2020—31）根据《标准施工招标文件》中的通用合同条款，发包人负责提供的材料和工程设备经验收后，接收保管和施工现场内二次搬运所发生的费用由（　　）承担。

A．发包人 　　　　　　　　　　　B．承包人

C．发包人和承包人 　　　　　　　D．发包人和材料设备供应商

24．（2021—58）根据《标准施工招标文件》中的通用合同条款，对于发包人负责提供的材料和工程设备，承包人应完成的工作内容有（　　）。

A．提交材料和工程设备的质量证明文件

B．根据合同计划安排向监理人报送要求发包人交货的日期计划

C．会同监理人在约定的时间和交货地点共同进行验收

D．运输、保管材料和工程设备

E．支付材料和工程设备合同价款

（五）对承包人施工设备的控制

25．承包人的施工设备和临时设施应专用于合同工程，未经（　　）同意，不得将施工设备和临时设施中的任何部分运出施工场地或挪作他用。

A．发包人 　　　　　　　　　　　B．监理人

C．设计人 　　　　　　　　　　　D．勘察人

四、工程款支付管理

（一）通用条款中涉及支付管理的几个概念

1．合同价格

26．（2016—69）根据《标准施工合同》，关于签约合同价的说法，正确的有（　　）。

A．签约合同价不包括承包人利润

B．签约合同价即为中标价

C．签约合同价包含暂列金额、暂估价

D．签约合同价是承包方履行合同义务后应得的全部工程价款

E．签约合同价应在合同协议书中写明

27．（2022—34）根据《标准施工招标文件》中的通用合同条款，合同协议书中写明的合同总金额应包括的金额是（　　）。

A．暂列金额和暂估价 　　　　　　B．变更的价款调整

C．索赔补偿金额 　　　　　　　　D．保修期的保修费用

28．（2019—35）根据《标准施工招标文件》的施工合同文本通用合同条款，支付管理中的"合同价格"是指（　　）。

A．协议书中的签约合同价格

B．承包人最终完成全部施工和保修义务后应得的全部合同价款

C．中标通知书中的中标价格

D．承包人的投标报价

29．签订合同时合同协议书中写明的包括了暂列金额、暂估价的合同总金额被称为（　　）。

A. 合同价格   B. 工程结算总价

C. 变更估价   D. 签约合同价

30. 施工阶段承包人按合同约定完成了包括缺陷责任期内的全部承包工作后，发包人应付给承包人的金额称为（ ）。

A. 暂列金额   B. 合同价格

C. 估算价   D. 质量保证金

2. 签订合同时签约合同价内尚不确定的款项

31.（2014—69）根据《标准施工合同》，暂列金额的主要特点有（ ）。

A. 用于支付签订了协议书时尚未确定的工程设备款

B. 用于支付签订协议书时不可预见的变更费用

C. 不能用于计日工支付

D. 属于签约合同价的一部分

E. 承包人不一定能全部获得约定的暂列金额

32.（2017—35）根据《标准施工合同》，对于未达到必须招标规模或标准的项目，可由监理人在暂估价内直接确定价格的是（ ）。

A. 临时设施   B. 建筑材料

C. 工程设备   D. 专业工程

33.（2018—37）《标准施工合同》中"暂估价"的含义是（ ）。

A. 暂估价是指用于支付必然发生但暂时不能确定价格的计日工费用

B. 暂估价是指可能发生的劳务分包费用

C. 暂估价是指用于支付可能发生工程变更需增加的费用

D. 暂估价属于签约合同价的组成部分

34.（2018—38）根据《标准施工合同》，关于"暂列金额"的说法，正确的是（ ）。

A. 暂列金额未包括在签约合同价内

B. 暂列金额不可以计日工方式支付

C. 暂列金额可能全部使用或部分使用

D. 暂列金额应按合同规定全部支付给承包人

35.（2022—35）根据《标准施工招标文件》中的通用合同条款，采用计日工计价的工作应从（ ）中支付。

A. 暂估价   B. 暂列金额

C. 单价措施项目费   D. 总价措施项目费

36.（2019—69）根据《标准施工招标文件》的施工合同文本通用合同条款，"暂估价"和"暂列金额"的主要区别有（ ）。

A. 是否列入已标价的工程量清单   B. 是否在招标阶段已经确定价格

C. 是否在合同履行阶段必然发生   D. 承包人是否必然获得支付

E. 是否包括在签约合同价内

37．（2020—36）根据《标准施工招标文件》，关于暂估价的说法，正确的是（　　）。

A．暂估价是指签约合同价之外用于支付部分材料设备的费用或专业工程价款

B．暂估价是指施工合同履行中可能发生的工程费用

C．暂估价是指发包人在工程量清单中写明支付但暂时不能确定价格的工程款项

D．暂估价内的工程材料设备或专业工程施工均须由承包人负责提供

38．关于暂估价，下列说法正确的有（　　）。

A．暂估价金额由监理人控制使用

B．暂估价是签约合同价的组成部分

C．暂估价中涉及的专业工程一定会实施

D．暂估价金额需要在合同履行阶段最终确定

E．暂估价中涉及的专业工程不需要进行招标

3．费用和利润

39．（2020—35）《标准施工招标文件》通用合同条款规定的"费用"是指（　　）。

A．施工合同履行中发生的不计利润的合理开支

B．施工合同履行中由发包人支付给承包人的全部款项

C．发包人对承包人履行合同支付的结算价款

D．承包人完成工程所支出的实际成本

40．（2021—73）根据《标准施工招标文件》中的通用合同条款，质量保证金的计算基数应包括（　　）。

A．付款周期末已实施工程的价款金额　　　B．工程预付款的支付金额

C．工程预付款的扣回金额　　　D．按合同约定价格调整的金额

E．按合同约定经监理人核实的计日工金额

41．关于"费用"和"利润"的说法，正确的是（　　）。

A．施工阶段处理变更或索赔时，确定应给承包人补偿的款额

B．预见发包人无法合理预见和克服的情况，应补偿承包人费用和利润

C．发包人应予控制而未做好的情况，应补偿费用和合理利润

D．在专用条款内具体约定利润占费用的百分比

E．按照合同责任应由承包人承担的开支

4．质量保证金

仅做了解即可。

（二）外部原因引起的合同价格调整

42．（2015—35）根据《标准施工合同》，采用公式法调价方式考虑市场价格浮动对合同价的影响，仅适用于工程量清单中的（　　）部分。

A．单价支付　　　B．工程材料费用

C．总价支付　　　D．人工费用

43．（2016—35）根据《标准施工合同》，因承包人原因未在约定的工期内竣工时，

原约定竣工日的价格指数和实际支付日的价格指数会有所不同，后续支付时应将（　　）作为支付计算的价格指数。

A. 两个价格指数中的较高者　　　　　　B. 两个价格指数中的均值

C. 两个价格指数中的较低者　　　　　　D. 两个价格指数按约定的均值

44.（2020—23）根据《标准施工招标文件》中的通用合同条款，采用公式法调整工程价款时，合同约定变更范围和内容导致调整公式中的权重不合理时，由监理人与（　　）协商后进行调整。

A. 发包人和分包人　　　　　　　　　　B. 承包人和分包人

C. 承包人和发包人　　　　　　　　　　D. 分包人和造价管理部门

（三）工程量计量

45.（2016—70）根据《标准施工合同》，关于工程计量的说法，正确的有（　　）。

A. 单价子目已完工程量按月计量

B. 总价子目的计量支付不考虑市场价格浮动

C. 总价子目已完工程量按月计量

D. 总价子目表中标明的工程量通常不进行现场计量

E. 总价子目表中标明的工程量通常不进行图纸计量

46.（2022—36）根据《标准施工招标文件》中的通用合同条款，关于总价支付项目工程计量的说法，正确的是（　　）。

A. 监理人按已完成的工作量按日计量

B. 监理人按已批准承包人的支付分解报告作为计量周期

C. 总价子目表中标明用于结算的工程量，通常应现场计量

D. 总价子目的计量与支付以总价为基础，考虑市场价格浮动的调整

（四）工程进度款的支付

1. 进度付款申请单

47.（2022—70）根据《标准施工招标文件》中的通用合同条款，可列入施工进度付款申请单的内容有（　　）。

A. 按合同约定截至本次付款周期末已实施工程的价款

B. 按合同约定应增加的变更金额

C. 按合同约定已确认质量不符合要求项的工程价款

D. 按合同约定应支付的预付款和扣还预付款

E. 按合同约定应扣减的质量保证金

48. 根据《标准施工合同》，承包人应在每个付款周期末，按监理人批准的格式和专用条款约定的份数，向监理人提交（　　），并附相应的支持性证明文件。

A. 进度付款申请单　　　　　　　　　　B. 进度款结清证书

C. 进度款支付证书　　　　　　　　　　D. 竣工付款证书

2. 进度款支付证书

49.（2019—36）关于《标准施工招标文件》施工合同文本通用合同条款中"进度款付款证书"的说法，正确的是（　　）。

A．监理人收到承包人进度款付款申请单并核查后，向承包人出具进度款付款证书

B．监理人有权扣除质量不合格部分的工程款

C．监理人出具进度款付款证书，视为监理人批准了承包人完成的该部分工作

D．承包人对监理人出具的进度款付款证书出现的漏项无权申请重新修正

50.（2020—34）根据《标准施工招标文件》，关于进度款支付证书的说法，正确的是（　　）。

A．进度款支付证书应由监理人审查承包人进度付款申请单后签发

B．监理人出具进度款支付证书视为监理人已批准承包人完成该部分工作

C．进度款支付证书应经发包人审查同意并签认后由监理人出具

D．进度款支付证书一经签发监理人无权修改

51.（2021—46）根据《标准施工招标文件》中的通用合同条款，监理人收到承包人提交进度付款申请单后的处理程序为（　　）。

A．监理人核查→发包人确认→发包人出具经监理人签认的进度付款证书

B．监理人核查→发包人审查同意→监理人出具经发包人签认的进度付款证书

C．监理人核查→发包人审查同意→监理人出具经承包人签认的进度付款证书

D．监理人核查→承包人签认→发包人出具进度付款证书

52．设计施工阶段总承包合同履行过程中，在对以往历次已签发的进度付款证书进行汇总和复核中发现错、漏或重复情况时，（　　）。

A．承包人可以自行修正

B．承包人无权提出修正申请

C．监理人与承包人均有权进行修正

D．监理人有权予以修正，承包人也有权提出修正申请

3．进度款的支付

53．施工阶段发包人应在监理人收到进度付款申请单后的（　　）日内，将进度应付款支付给承包人。

A．7　　　　　　　　　　　　　　　　　B．14

C．21　　　　　　　　　　　　　　　　D．28

五、施工安全管理

54．（2015—71）根据《标准施工合同》，承包人的施工安全责任有（　　）。

A．赔偿工程对土地占用所造成的第三者财产损失

B．编制施工安全措施计划

C．制定施工安全操作规程

D．配备必要的安全生产和劳动保护措施

E. 赔偿施工现场所有人员工伤事故损失

55. 根据《标准施工合同》，下列不属于承包人的施工安全责任有（　　）。

A. 编制施工安全措施计划

B. 制定施工安全操作规程

C. 配备必要的安全生产和劳动保护措施

D. 赔偿施工现场所有人员工伤事故损失

E. 赔偿工程对土地占有所造成的第三者财产损失

六、变更管理

（一）变更的范围和内容

56.（2022—71）根据《标准施工招标文件》中的通用合同条款，施工合同履行期间，属于变更范围的有（　　）。

A. 承包人投入施工设备的数量超过投标文件承诺的数量

B. 为完成工程需要追加的额外工作

C. 改变合同中任何一项工作的施工时间

D. 改变合同中任何一项工作的质量特性

E. 承包人在合同中的某项工作转由发包人自行实施

（二）监理人指示变更

57.（2021—33）根据《标准施工招标文件》中的通用合同条款，关于变更意向书及变更指示发出主体的说法，正确的是（　　）。

A. 可以由发包人发出　　　　　　B. 只能由监理人发出

C. 可以由承包人发出　　　　　　D. 只能由发包人发出

58. 根据《标准施工招标文件》，如果承包人根据变更意向书要求提交的变更实施方案可行并经发包人同意后，监理人发出变更指示。如果承包人不同意变更，（　　）协商后确定撤销、改变或不改变变更意向书。

A. 监理人和发包人　　　　　　B. 监理人与承包人和发包人

C. 监理人和承包人　　　　　　D. 承包人和发包人

（三）承包人申请变更

59. 承包人收到监理人按合同约定发出的图纸和文件，经检查认为其中存在（　　）的情形，向监理人提出书面变更建议后，监理人发出变更指示的，构成承包人要求的变更。

A. 缩短工期　　　　　　　　　B. 降低合同价格

C. 提高了工程质量标准　　　　D. 增加工作内容

E. 工程的位置或尺寸发生变化

（四）变更估价

1. 变更估价的程序

60. 施工阶段承包人应在收到变更指示或变更意向书后的（　　）日内，向监理人提交变更报价书，详细开列变更工作的价格组成及其依据，并附必要的施工方法说明和有关图纸。

A．7　　　　　　　　　　　B．14

C．21　　　　　　　　　　　D．28

2．变更的估价原则

61．（2016—36）工程施工过程中，对于变更工作的单价在已标价工程量清单中无法适用或类似子目时，应由监理人按照（　）的原则商定或确定。

A．成本加酬金　　　　　　　B．成本加利润

C．成本加规费　　　　　　　D．直接成本加间接成本

62．（2021—36）某工程，变更增加项目的工作内容为压实度0.98的土方填筑，合同已标价工程量清单中有压实度0.92的土方填筑项目。根据《标准施工招标文件》，该变更项目的估价原则为（　）。

A．直接采用工程量清单中压实度0.92的土方填筑项目单价

B．按照成本加利润的原则，由监理人商定或确定

C．参照压实度0.92的土方填筑项目单价，由监理人在合理范围内商定或确定

D．由承包人与发包人按施工预算价格协商确定

（五）不利物质条件的影响

63．（2014—33）根据《标准施工合同》，不属于施工合同履行中"不利物质条件"的是（　）。

A．不利地质条件　　　　　　B．不利水文条件

C．有毒作业环境　　　　　　D．不利气候条件

64．（2021—68）根据《标准施工招标文件》中的通用合同条款，属于施工期间"不利物质条件"的有（　）。

A．不可预见的自然物质条件　B．不可预见的非自然物质障碍

C．突发性重大疫情　　　　　D．恶劣的气候条件

E．不可预见的污染物

65．施工阶段承包人遇到不利物质条件时，应采取适应不利物质条件的合理措施继续施工，并通知监理人。监理人没有发出指示，承包人因采取合理措施而（　）。

A．增加的费用和工期延误，由发包人承担

B．增加的费用和工期延误，由承包人承担

C．增加的费用由发包人承担，工期不予顺延

D．增加的费用由承包人承担，工期给予顺延

七、不可抗力

66．（2022—72）根据《标准施工招标文件》中的通用合同条款，属于不可抗力的情形（　）。

A．政策和法律调整   B．海啸

C．瘟疫   D．骚乱

E．地震

67．（2002—70）《建设工程施工合同》规定了施工中出现不可抗力事件时双方的承担方法，其中属于不可抗力事件发生后，承包方承担的风险范围包括（ ）。

A．运至施工现场待安装设备的损害

B．承包人机械设备的损坏

C．停工期间，承包人应工程师要求留在施工场地的必要管理人员的费用

D．施工人员的伤亡费用

E．工程所需的修复费用

68．（2004—70）依照施工合同示范文本通用条款的规定，施工中发生不可抗力事件后，由此导致的损失及工期延误责任承担方式为（ ）。

A．工程损害导致第三方人员伤亡和财产损失，由发包人承担

B．承包人的人员伤亡损失，由发包人承担

C．发包人的人员伤亡损失，由承包人承担

D．停工期间工程所需清理、修复费用，由发包人承担

E．延误的工期合理延长

69．（2019—70）根据《标准施工招标文件》的施工合同文本通用合同条款规定，因不可抗力造成的损失，由发包人承担的有（ ）。

A．永久工程的损失   B．施工设备损坏

C．停工损失   D．施工场地的材料和工程设备

E．承包人的人员伤亡损失

70．（2021—35）根据《标准施工招标文件》中的通用合同条款，因不可抗力导致工期延长，监理人按发包人要求指令承包人采取赶工措施发生的合理赶工费用应由（ ）承担。

A．发包人   B．承包人

C．发包人和监理人共同   D．参与验收的各方共同

71．下列因不可抗力造成损失的分担原则符合通用条款规定的有（ ）。

A．永久工程包括已运至施工场地的材料和工程设备的损害，以及因工程损害造成的第三者人员伤亡和财产损失由发包人承担

B．承包人设备的损坏由承包人承担

C．发包人和承包人各自承担其人员伤亡和其他财产损失及其相关费用

D．停工损失由承包人承担，但停工期间应监理人要求照管工程和清理、修复工程的金额由发包人承担

E．不能按期竣工的，应合理延长工期，承包人需支付逾期竣工违约金

八、索赔管理

（一）承包人的索赔

1. 承包人提出索赔要求

72.（2014—34）根据《标准施工合同》，承包人向监理人递索赔意向通知书的时效是（　　）日。

A. 7　　　　　　　　　　　　　　　B. 14

C. 28　　　　　　　　　　　　　　D. 30

2. 监理人处理索赔

73. 施工阶段监理人应在收到索赔通知书或有关索赔的进一步证明材料后的（　　）日内，将索赔处理结果答复承包人。

A. 21　　　　　　　　　　　　　　B. 28

C. 42　　　　　　　　　　　　　　D. 56

3. 承包人提出索赔的期限

74.（2015—37）根据《标准施工合同》，缺陷责任期满承包人提交最终结清单前，仍有权提出索赔要求。索赔的原因应是在（　　）发生的事项。

A. 施工期间　　　　　　　　　　　B. 竣工验收期间

C. 缺陷责任期内　　　　　　　　　D. 合同有效期内

4. 标准施工合同中涉及应给承包人补偿的条款标准施工合同通用条款中，可以给承包人补偿的条款

75.（2017—36）根据《标准施工合同》，工程施工中承包人有权得到费用和工期补偿，但无利润补偿的情形是（　　）。

A. 发包人提供图纸延误　　　　　　B. 不利的物质条件

C. 隐蔽工程重新检验质量合格　　　D. 监理人指示错误

76.（2019—71）根据《标准施工招标文件》的施工合同文本通用合同条款，可以同时给承包人工期、费用和利润补偿的情形有（　　）。

A. 监理人的指示延误

B. 发包人提供的材料和工程设备提前交货

C. 异常恶劣的气候条件

D. 法规变化引起的价格调整

E. 隐蔽工程重新检验质量合格

77.（2020—70）根据《标准施工招标文件》中的通用合同条款，发包人仅限于给予承包人费用补偿的情形有（　　）。

A. 法规变化引起的价格调整

B. 监理人的指示错误

C. 因不可抗力停工期间的工程照管

D. 发包人提供图纸延误

E. 重新检验隐蔽工程质量

78.《标准施工合同》中，承包人可以获得利润补偿的情形包括（　　）。

A. 监理人的指示延误或错误指示　　　　B. 不利的物质条件

C. 异常恶劣的气候条件　　　　D. 发包人原因的暂停施工

E. 发包人提前占用工程导致承包人费用增加

79. 根据《标准施工招标文件》中的通用合同条款，发包人仅给予承包人工期补偿的情形有（　　）。

A. 基准资料的错误　　　　B. 增加合同工作内容

C. 异常恶劣的气候条件　　　　D. 不可抗力不能按期竣工

E. 因发包人原因导致的暂停施工

80. 根据《标准施工招标文件》中的通用合同条款，发包人仅给予承包人工期和费用补偿，无需补偿利润的情形有（　　）。

A. 文物、化石　　　　B. 不利物质条件

C. 发包人原因无法按时复工　　　　D. 发包人原因导致工程质量缺陷

E. 改变合同中任何一项工作的质量要求或其他特性

81. 根据《标准施工招标文件》中的通用合同条款，可以同时给承包人工期、费用和利润补偿的情形有（　　）。

A. 附加浮动引起的价格调整

B. 发包人原因试运行失败，承包人修复

C. 因发包人违约承包人暂停施工

D. 发包人提供的材料和设备不合格承包人采取补救

E. 对材料或设备的重新试验或检验证明质量合格

（二）发包人的索赔

仅做了解即可。

九、违约责任

82. 施工阶段因承包人违约解除合同，发包人有权要求承包人将其为实施合同而签订的材料和设备的订货合同或任何服务协议转让给发包人，并在解除合同后的（　　）日内，依法办理转让手续。

A. 7　　　　B. 14

C. 21　　　　D. 28

十、竣工验收管理

（一）单位工程验收

仅做了解即可。

（二）施工期运行

83．除了专用条款约定由发包人负责试运行的情况外，（　　）应负责提供试运行所需的人员、器材和必要的条件，并承担全部试运行费用。

A．分包人　　　　　　　　　　　　B．承包人

C．监理人　　　　　　　　　　　　D．设计人

（三）合同工程的竣工验收

1．承包人提交竣工验收申请报告

84．承包人申请竣工验收时，工程竣工应满足的条件包括（　　）。

A．设计人要求提交的竣工验收资料清单

B．已按合同约定的内容和份数备齐了符合要求的竣工文件

C．已按监理人的要求编制了在缺陷责任期内完成的尾工（甩项）工程和缺陷修补工作清单以及相应施工计划

D．监理人要求在竣工验收前应完成的其他工作

E．除监理人同意列入缺陷责任期内完成的尾工（甩项）工程和缺陷修补工作外，合同范围内的全部区段工程以及有关工作，包括合同要求的试验和竣工试验均已完成，并符合合同要求

2．监理人审查竣工验收报告

85．（2017—37）根据《标准施工合同》，监理人收到承包人提交的工程竣工验收申请报告后，经审查认为已具备竣工验收条件时，应在收到工程竣工验收申请报告后的（　　）日内提请发包人进行工程验收。

A．7　　　　　　　　　　　　　　　B．14

C．21　　　　　　　　　　　　　　D．28

86．（2019—37）根据《标准施工招标文件》的施工合同文本通用合同条款，竣工验收管理程序中，监理人审查竣工验收申请报告的各项内容，认为工程尚不具备竣工验收条件时，应当在收到竣工申请报告后（　　）日内通知承包人。

A．28　　　　　　　　　　　　　　B．30

C．56　　　　　　　　　　　　　　D．60

3．竣工验收

87．（2008—41）某工程竣工验收阶段，承包人于3月1日向工程师递交了竣工验收申请报告，发包人于3月15日组织生产设备启动试车检验，3月18日试车完毕后发包人、承包人、工程师和设计代表在试车记录上签字确认质量合格，工程师于3月20日签发工程移交证书，则承包商的实际竣工日应为（　　）。

A．3月1日　　　　　　　　　　　　B．3月15日

C．3月18日　　　　　　　　　　　D．3月20日

88．竣工验收合格，监理人应在收到竣工验收申请报告后的（　　）日内，向承包人出具经发包人签认的工程接收证书。

A. 21
B. 28

C. 42
D. 56

4. 延误进行竣工验收

89. （2019—37）根据《标准施工合同》，发包人在收到承包人竣工验收申请报告（ ）日后未进行验收，视为验收合格。

A. 14
B. 28

C. 42
D. 56

（四）竣工结算

90. 发包人应在监理人出具竣工付款证书后的（ ）日内，将应支付款支付给承包人。

A. 7
B. 14

C. 21
D. 28

（五）竣工清场

1. 承包人的清场义务

91. （2019—72）根据《标准施工招标文件》的施工合同文本通用合同条款，承包人竣工清场的主要义务有（ ）。

A. 就交付工程的使用功能向发包人交底

B. 拆除临时工程，清理、平整或复原场地

C. 保证工程建筑物周边及其附近道路交通通畅

D. 施工场地内承包人设备和剩余材料已按计划撤离现场

E. 施工场地内残留垃圾已全部清除出场

92. （2021—28）根据《标准施工招标文件》中的通用合同条款，工程接收证书颁发后，承包人按监理人指示完成施工场地内残留垃圾清除工作的费用应由（ ）承担。

A. 发包人
B. 监理人

C. 发包人和承包人共同
D. 承包人

93. 工程接收证书颁发后，承包人的下列场地清理行为符合监理人检验合格要求的有（ ）。

A. 监理人指示的其他场地清理工作已全部完成

B. 施工场地内残留的垃圾已大部分清除出场

C. 临时工程已拆除，场地已按合同要求进行清理、平整或复原

D. 工程建筑物周边及其附近道路、河道的施工堆积物，已按监理人指示全部清理

E. 按合同约定应撤离的承包人设备和剩余的材料，包括废弃的施工设备和材料，已按计划撤离施工场地

2. 承包人未按规定完成的责任

94. 承包人未按监理人的要求恢复临时占地，或者场地清理未达到合同约定，发包人有权委托其他人恢复或清理，所发生的费用（ ）。

A．由发包人自行承担

B．从拟支付给承包人的款项中扣除

C．由发包人与原承包人按比例承担

D．由原承包人与监理人共同承担

十一、缺陷责任期管理

（一）缺陷责任

95．工程移交发包人运行后，缺陷责任期内出现的工程质量缺陷可能是承包人的施工质量原因，也可能属于非承包人应负责的原因导致。应由（ ）共同查明原因，分清责任。

A．设计人   B．监理人

C．发包人   D．勘察人

E．承包人

（二）监理人颁发缺陷责任终止证书

96．（2019—38）根据《标准施工招标文件》的施工合同文本通用合同条款，缺陷责任期满（包括延长期限终止）后14日内，应当向承包人出具缺陷任期终止证书，该证书应（ ）。

A．发包人出具经监理人审核   B．监理人出具经发包人签认

C．发包人和监理人共同签认   D．监理人签认

97．缺陷责任期满，包括延长的期限终止后（ ）日内，由监理人向承包人出具经发包人签认的缺陷责任期终止证书，并退还剩余的质量保证金。

A．56   B．14

C．28   D．42

（三）最终结清

98．缺陷责任期内最终结清的程序包括（ ）。

A．承包人提交最终结清申请单   B．签发最终结清证书

C．竣工验收   D．结清单生效

E．最终支付

1. 承包人提交最终结清申请单

99．（2022—37）根据《标准施工招标文件》中的通用合同条款，承包人可按合同约定在（ ）后向监理人提交最终结清申请单。

A．签发缺陷责任期终止证书   B．缺陷责任终止

C．签发工程接收证书   D．签发保修责任证书

100．关于承包人提交最终结清申请单的说法，正确的是（ ）。

A．承包人按通用合同条款约定的份数和期限向监理人提交最终结清申请单

B．质量保证金不足以抵减发包人损失时，承包人应承担剩余部分的赔偿

C. 承包人对最终结清申请单内容有异议时，有权要求发包人进行修正

D. 承包人向发包人提交修正后的最终结清申请单

E. 监理人未在约定时间内核查及提出意见，视为同意承包人提交的最终结清单申请

2. 签发最终结清证书

101. 关于签发最终结清证书的表述中，不正确的是（   ）。

A. 监理人未在约定时间内核查，又未提出具体意见，视为承包人提交的最终结清申请已经监理人核查同意

B. 发包人未在约定时间内审核又未提出具体意见，监理人提出应支付给承包人的价款视为未经发包人同意

C. 监理人收到承包人提交的最终结清申请单后的 14 日内，提出发包人应支付给承包人的价款送发包人审核并抄送承包人

D. 发包人应在收到后 14 日内审核完毕，由监理人向承包人出具经发包人签认的最终结清证书

3. 最终支付

仅做了解即可。

4. 结清单生效

102. 关于结清单生效的表述中，不正确的是（   ）。

A. 承包人收到发包人最终支付款后结清单生效

B. 结清单生效即表明合同终止

C. 结清单生效后承包人仍拥有索赔的权利

D. 如果发包人未按时支付结清款，承包人仍可就此事项进行索赔

习题答案及解析

1. D	2. B	3. C	4. A	5. C
6. BCDE	7. C	8. AB	9. ABD	10. AB
11. ACDE	12. C	13. D	14. A	15. ADE
16. C	17. ABCE	18. B	19. C	20. D
21. ABD	22. A	23. B	24. BC	25. B
26. BCE	27. A	28. B	29. D	30. B
31. ABDE	32. D	33. D	34. C	35. B
36. BCD	37. C	38. BCD	39. A	40. AE
41. ACDE	42. A	43. C	44. C	45. ABD
46. B	47. AE	48. A	49. B	50. C
51. B	52. D	53. D	54. BCD	55. DE
56. BCD	57. B	58. B	59. CDE	60. B

61．B	62．C	63．D	64．ABE	65．A
66．BCDE	67．BD	68．ADE	69．AD	70．A
71．ABCD	72．C	73．C	74．D	75．B
76．AE	77．AC	78．ADE	79．CD	80．AB
81．CDE	82．B	83．B	84．BCDE	85．D
86．A	87．A	88．D	89．D	90．B
91．BDE	92．D	93．ACDE	94．B	95．BCE
96．B	97．B	98．ABDE	99．A	100．BE
101．B	102．C			

【解析】

1．D。"合同工期"指承包人在投标函内承诺完成合同工程的时间期限，以及按照合同条款通过变更和索赔程序应给予顺延工期的时间之和。

3．C。施工期是指承包人施工期从监理人发出的开工通知中写明的开工日起算，至工程接收证书中写明的实际竣工日止。

7．C。专用条款说明中建议，违约金计算方法约定的日拖期赔偿额，可采用每天为多少钱或每天为签约合同价的千分之几；最高赔偿限额为签约合同价的3%。

8．AB。发包人承担合同履行的风险较大，造成暂停施工的原因可能来自未能履行合同的行为责任，也可能源于自身无法控制但应承担风险的责任。大体可以分为以下几类原因致使施工暂停：（1）发包人未履行合同规定的义务。此类原因较为复杂，包括自身未能尽到管理责任，如发包人采购的材料未能按时到货致使停工待料等；也可能源于第三者责任原因，如施工过程中出现设计缺陷导致停工等待变更的图纸等；（2）不可抗力；（3）协调管理原因；（4）行政管理部门的指令。但是注意不可抗力通常得不到利润的补偿。

9．ABD。通用条款规定，承包人责任引起的暂停施工，增加的费用和工期由承包人承担；发包人暂停施工的责任，承包人有权要求发包人延长工期和（或）增加费用，并支付合理利润。

10．AB。属于发包人的责任，故C选项错误。如果监理人没有发出指示，承包人因采取合理措施而增加的费用和工期延误，仍由发包人承担，故D选项错误。属于发包人责任，故E选项错误。

12．C。暂停施工期间由承包人负责妥善保护工程并提供安全保障。

14．A。如果发包人根据实际情况向承包人提出提前竣工要求，由于涉及合同约定的变更，应与承包人通过协商达成提前竣工协议作为合同文件的组成部分。协议的内容应包括：承包人修订进度计划及为保证工程质量和安全采取的赶工措施；发包人应提供的条件；所需追加的合同价款；提前竣工给发包人带来效益应给承包人的奖励等。

17．ABCE。项目部的人员管理：（1）质量检查制度：承包人应在施工场地设置专门的质量检查机构，配备专职质量检查人员，建立完善的质量检查制度。（2）规范施工作业的操作程序：承包人应加强对施工人员的质量教育和技术培训，定期考核施工人员的劳动技能，严格执行规范和操作规程。（3）撤换不称职的人员：当监理人要求撤换不能胜任本职工作、行为不端或玩忽职守的承包人项目经理和其他人员时，承包人应予以撤换。

18．B。承包人未通知监理人到场检查，私自将工程隐蔽部位覆盖，监理人有权指示承包人钻孔探测或揭开检查，由此增加的费用和（或）工期延误由承包人承担。

22．A。对发包人提供的材料和工程设备管理中，承包人会同监理人在约定的时间内，在交货地点共同进行验收。

23．B。发包人提供的材料和工程设备验收后，由承包人负责接收、保管和施工现场内的二次搬运所发生的费用。

26．BCE。签约合同价指签订合同时合同协议书中写明的，包括了暂列金额、暂估价的合同总金额，即中标价。签约合同价是写在协议书和中标通知书内的固定数额，作为结算价款的基数；而合同价格是承包人最终完成全部施工和保修义务后应得的全部合同价款。

28．B。签约合同价指签订合同时合同协议书中写明的，包括了暂列金额、暂估价的合同总金额，即中标价。合同价格指承包人按合同约定完成了包括缺陷责任期内的全部承包工作后，发包人应付给承包人的金额。合同价格即承包人完成施工、竣工、保修全部义务后的工程结算总价，包括履行合同过程中按合同约定进行的变更、价款调整、通过索赔应予补偿的金额。二者的区别表现为，签约合同价是写在协议书和中标通知书内的固定数额，作为结算价款的基数；而合同价格是承包人最终完成全部施工和保修义务后应得的全部合同价款，包括施工过程中按照合同相关条款的约定，在签约合同价基础上应给承包人补偿或扣减的费用之和。因此只有在最终结算时，合同价格的具体金额才可以确定。

31．ABDE。暂列金额指已标价工程量清单中所列的一笔款项，用于在签订协议书时尚未确定或不可预见变更的施工及其所需材料、工程设备、服务等的金额，包括以计日工方式支付的款项。暂列金额指招标投标阶段已经确定价格，监理人在合同履行阶段根据工程实际情况指示承包人完成相关工作后给予支付的款项。签约合同价内约定的暂列金额可能全部使用或部分使用，因此承包人不一定能够全部获得支付。

32．D。暂估价内的工程材料、设备或专业工程施工，属于依法必须招标的项目，施工过程中由发包人和承包人以招标的方式选择供应商或分包人，按招标的中标价确定。未达到必须招标的规模或标准时，材料和设备由承包人负责提供，经监理人确认相应的金额；专业工程施工的价格由监理人进行估价确定。与工程量清单中所列暂估价的金额差以及相应的税金等其他费用列入合同价格。

33．D。暂估价指发包人在工程量清单中给出的，用于支付必然发生但暂时不能确定价格的材料设备以及专业工程的金额。该笔款项属于签约合同价的组成部分。

34．C。暂列金额指已标价工程量清单中所列的一笔款项，用于在签订协议书时尚未确定或不可预见变更的施工及其所需材料、工程设备、服务等的金额，包括以计日工方式支付的款项。暂列金额属于包括在签约合同价内的金额。签约合同价内约定的暂列金额可能全部使用或部分使用，因此承包人不一定能够全部获得支付。

35．B。暂列金额指已标价工程量清单中所列的一笔款项，用于在签订协议书时尚未确定或不预见变更的施工及其所需材料、工程设备、服务等的金额，包括以计日工方式支付的款项。

36．BCD。暂估价是发包人在工程量清单中给出的。暂列金额是已标价工程量清单中所列的一笔款项。两笔款项均属于包括在签约合同价内的金额，二者的区别表现为：暂估价是在招标投标阶段暂时不能合理确定价格，但合同履行阶段必然发生，发包人一定予以支付的款项；暂列金额则指招标投标阶段已经确定价格，监理人在合同履行阶段根据工程实际情况指示承包人完成相关工作后给予支付的款项。签约合同价内约定的暂列金额可能全部使用或部分使用，因此承包人不一定能够全部获得支付。

37．C。暂估价指发包人在工程量清单中给出的，用于支付必然发生但暂时不能确定价格的材料、设备以及专业工程的金额。

39．A。通用条款内对费用的定义为，履行合同所发生的或将要发生的不计利润的所有合理开支，包括管理费和应分摊的其他费用。

40．AE。质量保证金从第一次支付工程进度款时开始起扣，从承包人本期应获得的工程进度付款中，扣除预付款的支付、扣回以及因物价浮动对合同价格的调整三项金额后的款额为基数，按专用条款约定的比例扣留本期的质量保证金。累计扣留达到约定的总额为止。

42．A。施工工期12个月以上的工程，应考虑市场价格浮动对合同价格的影响，由发包人和承包人分担市场价格变化的风险。《标准施工合同》通用条款规定用公式法调价，但仅适用于工程量清单中单价支付部分。

43．C。因承包人原因未在约定的工期内竣工，后续支付时应采用原约定竣工日与实际支付日的两个价格指数中，较低的一个作为支付计算的价格指数。

44．C。在调价公式的应用中，由于变更导致合同中调价公式约定的权重变得不合理时，由监理人与承包人和发包人协商后进行调整。

45．ABD。单价子目已完成工程量按月计量；总价子目的计量周期按已批准承包人的支付分解报告确定。总价子目的计量和支付应以总价为基础，不考虑市场价格浮动的调整。除变更外，总价子目表中标明的工程量是用于结算的工程量，通常不进行现场计量，只进行图纸计量。

46．B。单价子目已完成工程量按月计量，总价子目的计量周期按已批准承包人的支付分解报告确定。故 A 选项错误，B 选项正确。除变更外，总价子目表中标明的工程量是用于结算的工程量，通常不进行现场计量，只进行图纸计量。故 C 选项错误。总价子目的计量和支付应以总价为基础，不考虑市场价格浮动的调整，故 D 选项错误。

47．AE。承包人应在每个付款周期末，按监理人批准的格式和专用条款约定的份数，向监理人提交进度付款申请单，并附相应的支持性证明文件。通用条款中要求进度付款申请单的内容包括:（1）截至本次付款周期末已实施工程的价款;（2）变更金额;（3）索赔金额;（4）本次应支付的预付款和扣减的返还预付款;（5）本次扣减的质量保证金;（6）根据合同应增加和扣减的其他金额。

56．BCD。标准施工合同通用条款规定的变更范围包括:

（1）取消合同中任何一项工作，但被取消的工作不能转由发包人或其他人实施;

（2）改变合同中任何一项工作的质量或其他特性;

（3）改变合同工程的基线、标高、位置或尺寸;

（4）改变合同中任何一项工作的施工时间或改变已批准的施工工艺或顺序;

（5）为完成工程需要追加的额外工作。

第七章
建设工程总承包合同管理

第一节　工程总承包合同特点

知识导学

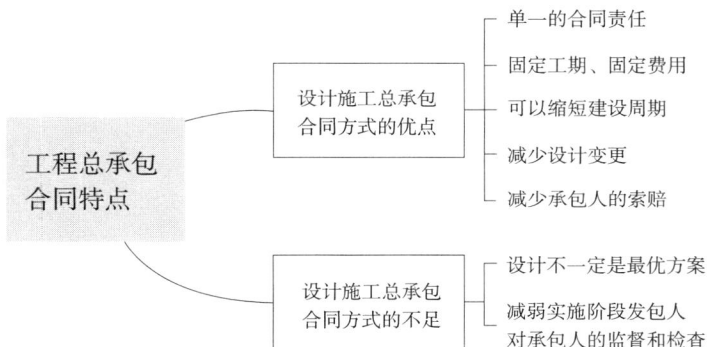

习题汇总

一、设计施工总承包合同方式的优点

1.（2016—38）建设工程采用设计施工总承包模式的优点有（　　）。

A．减少设计变更

B．易获得最优设计方案

C．加强发包人对承包人的监督

D．减少承包人的风险

2.（2018—42）建设项目设计施工总承包方式的优点是（　　）。

A．可缩短建设周期

B．可降低工程成本

C．可优化设计方案

D．可加大监理人监督力度

3.（2019—75）对发包人而言，设计施工总承包合同的优点有（　　）。

A．单一的合同责任

B．减少发包人对承包人的检查

C．减少承包人的索赔

D．固定工期

E．减少设计变更

4．设计施工总承包方式的优点包括（　　）。

A．单一的合同责任　　　　　　　　　B．固定工期、固定费用

C．可以缩短建设周期　　　　　　　　D．减少承包人的索赔

E．减弱实施阶段发包人对承包人的监督和检查

5．（2022—38）设计施工总承包模式与施工承包模式相比，主要优点是有利于（　　）。

A．业主选用指定的分包商　　　　　　B．吸引更多的投标人竞标

C．发包人对承包人的监督和检查　　　D．减少承包人的索赔

6．建设工程采用设计施工总承包模式的优点是（　　）。

A．合同责任明确　　　　　　　　　　B．发包人便于控制实施过程

C．承包人承担的风险小　　　　　　　D．容易获得最优设计方案

二、设计施工总承包合同方式的不足

7．（2017—38）建设工程采用设计施工总承包模式的不利因素是（　　）。

A．监理人对工程实施的监督力度降低　　B．承包人的工程索赔增多

C．工程投资控制难度增加　　　　　　　D．发包人的工程风险加大

8．设计施工总承包方式的缺点包括（　　）。

A．工期与费用不固定　　　　　　　　B．设计不一定是最优方案

C．建设工期延长　　　　　　　　　　D．增加设计变更

E．减弱实施阶段发包人对承包人的监督和检查

习题答案及解析

1．A　　2．A　　3．ACDE　　4．ABCD　　5．D

6．A　　7．A　　8．BE

【解析】

1．A。总承包方式的优点:（1）单一的合同责任;（2）固定工期、固定费用;（3）可以缩短建设周期;（4）减少设计变更;（5）减少承包人的索赔。

7．A。总承包方式对发包人而言也有一些不利的因素:（1）设计不一定是最优方案;（2）减弱实施阶段发包人对承包人的监督和检查。虽然设计和施工过程中，发包人也聘请监理人（或发包人代表），但由于设计方案和质量标准均出自承包人，监理人对项目实施的监督力度比发包人委托设计再由承包人施工的管理模式，对设计的细节和施工过程的控制能力降低。

第二节　工程总承包合同有关各方管理职责

知识导学

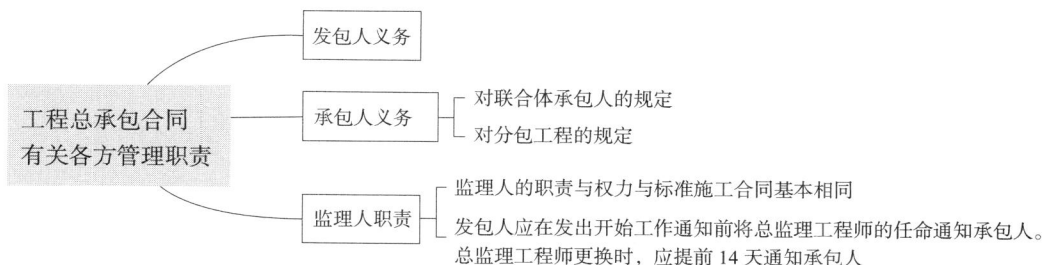

习题汇总

一、发包人义务

仅做了解即可。

二、承包人义务

1.（2019—39）关于设计施工总承包合同的承包人的说法，正确的是（　）。

A．承包人应当是独立承包人

B．承包人的分包工作需要征得发包人同意

C．承包人的分包工程需要经过承包人与发包人共同发包

D．承包人的全部承包工作内容均可分包

2．根据《标准施工招标文件》，施工准备阶段承包人的义务包括（　）。

A．编制施工实施计划　　　　　　B．现场查勘

C．提出开工申请　　　　　　　　D．开工通知

E．组织设计交底

1. 对联合体承包人的规定

3.（2015—73）根据《标准设计施工总承包合同》，关于承包人的说法，正确的有（　）。

A．总承包合同的承包人必须是联合体

B．联合体协议经发包人确认后作为合同附件

C．合同履行过程中，监理人仅与联合体牵头人联系

D．承包人不得擅自改变联合体组成和修改联合体协议

E．联合体组成和内部分工是重要的评标内容

4.（2016—73）根据《标准设计施工总承包招标文件》中的《合同条款及格式》，关于联合体承包的说法，正确的有（　　）。

A. 联合体协议经监理人确认后作为合同附件

B. 联合体牵头人负责组织和协调联合体成员全面履行合同

C. 承包人可根据需要自行修改联合体协议

D. 联合体的组成和内部分工是重要的评审内容

E. 承包人可根据需要自选调整联合体组成

5.（2018—74）根据《标准设计施工总承包招标文件》，关于联合体的说法，正确的有（　　）。

A. 总承包合同的承包人可以是联合体

B. 联合体协议经联合体成员协商一致可以修改

C. 联合体协议为总承包合同的附件

D. 监理人在合同履行中仅与联合体牵头人或授权代表联系协调工作

E. 联合体成员的内部分工不是总承包合同内容

6. 下列表述中，不符合对联合体承包人规定的是（　　）。

A. 总承包合同的承包人可以是独立承包人，也可以是联合体

B. 对于联合体的承包人，合同履行过程中发包人和监理人仅与联合体牵头人或联合体授权的代表联系

C. 履行合同过程中，未经监理人同意，承包人不得擅自修改联合体协议

D. 履行合同过程中，未经发包人同意，承包人不得擅自改变联合体的组成

2. 对分包工程的规定

7.（2015—39）建设工程采用设计施工总承包模式时，对于发包人同意的分包工作，承包人的正确做法是（　　）。

A. 只向发包人提交分包合同副本

B. 应向发包人和监理人提交分包合同副本

C. 应向监理人提交分包合同副本

D. 不需要向发包人和监理人提交分包合同副本

8.（2017—73）根据《标准设计施工总承包招标文件》中的《合同条款及格式》，关于分包工程的说法，正确的有（　　）。

A. 承包人的分包招标应由监理人组织

B. 承包人分包工作需征得发包人同意

C. 承包人不得将设计的关键性工作分包给第三人

D. 分包人的资格能力应与其分包工作相适应

E. 合同履行过程中承包人不得再分包任何工作

9.（2018—39）根据《设计施工总承包合同》，关于工程分包的说法，正确的是（　　）。

A．承包人不得将其承包的全部工程转包给第三人

B．承包人经发包人批准，可将设计任务主体工作分包给有资质的合格主体

C．发包人同意分包的工作，由发包人和承包人共同承担责任

D．分包人的资格能力应由发包人审核

10．（2020—37）根据《标准设计施工总承包招标文件》，关于工程分包的说法，正确的是（　　）。

A．承包人经发包人同意，可将全部施工分包给第三人

B．承包人的分包合同，应由分包人向监理人提交副本备案

C．承包人征得发包人同意，可将部分工程分包给有资质的分包人

D．发包人、监理人和承包人共同对分包人进行分包管理

11．根据《设计施工总承包合同》，关于分包工程的说法，正确的是（　　）。

A．分包工作需要征得监理人同意

B．分包人资质能力的材料应经发包人审查

C．发包人同意分包的工作，承包人应向发包人和监理人提交分包合同副本

D．承包人可以将部分设计的关键性工作分包给资质合格的第三人

三、监理人职责

12．（2021—41）根据《标准设计施工总承包招标文件》，监理人更换总监理工程师时，应提前（　　）日通知承包人。

A．7   B．14

C．21   D．28

13．设计施工总承包合同履行过程中，承包人对总监理工程师授权的监理人员发出的指示有疑问时，可在该指示发出的48h内向总监理工程师提出书面异议，总监理工程师应在（　　）h内对该指示予以确认、更改或撤销。

A．12   B．24

C．36   D．48

14．（2022—39）根据《标准设计施工总承包招标文件》，总监理工程师超过（　　）天不能履行职责的，应委派代表在许可范围内代行其职责。

A．2   B．3

C．5   D．7

习题答案及解析

1．B   2．ABC   3．BDE   4．BD   5．ACD

6．C   7．B   8．BCD   9．A   10．C

11．C   12．B   13．D   14．A

【解析】

3．BDE。总承包合同的承包人可以是独立承包人，也可以是联合体。对于联合体的承包人，合同履行过程中发包人和监理人仅与联合体牵头人或联合体授权的代表联系，由其负责组织和协调联合体各成员全面履行合同。由于联合体的组成和内部分工是评标中很重要的评审内容，故选项 E 正确。联合体协议经发包人确认后已作为合同附件，故选项 B 正确。因此通用条款规定，履行合同过程中，未经发包人同意，承包人不得擅自改变联合体的组成和修改联合体协议，故选项 D 正确。

4．BD。总承包合同的承包人可以是独立承包人，也可以是联合体。对于联合体的承包人，合同履行过程中发包人和监理人仅与联合体牵头人或联合体授权的代表联系，由其负责组织和协调联合体各成员全面履行合同，故选项 B 正确。由于联合体的组成和内部分工是评标中很重要的评审内容，故选项 D 正确。联合体协议经发包人确认后已作为合同附件，因此通用条款规定，履行合同过程中，未经发包人同意，承包人不得擅自改变联合体的组成和修改联合体协议。

7．B。发包人同意分包的工作，承包人应向发包人和监理人提交分包合同副本。

8．BCD。尽管委托分包人的招标工作由承包人完成，发包人也不是分包合同的当事人，但为了保证工程项目完满实现发包人预期的建设目标，通用条款中对工程分包做了如下的规定：（1）承包人不得将其承包的全部工程转包给第三人，也不得将其承包的全部工程肢解后以分包的名义分别转包给第三人；（2）分包工作需要征得发包人同意。除发包人已同意投标文件中说明的分包外，合同履行过程中承包人还需要分包的工作，仍应征得发包人同意；（3）承包人不得将设计和施工的主体、关键性工作的施工分包给第三人。要求承包人是具有实施工程设计和施工能力的合格主体，而非皮包公司；（4）分包人的资格能力应与其分包工作的标准和规模相适应，其资质能力的材料应经监理人审查；（5）发包人同意分包的工作，承包人应向发包人和监理人提交分包合同副本。

第三节　工程总承包合同订立

知识导学

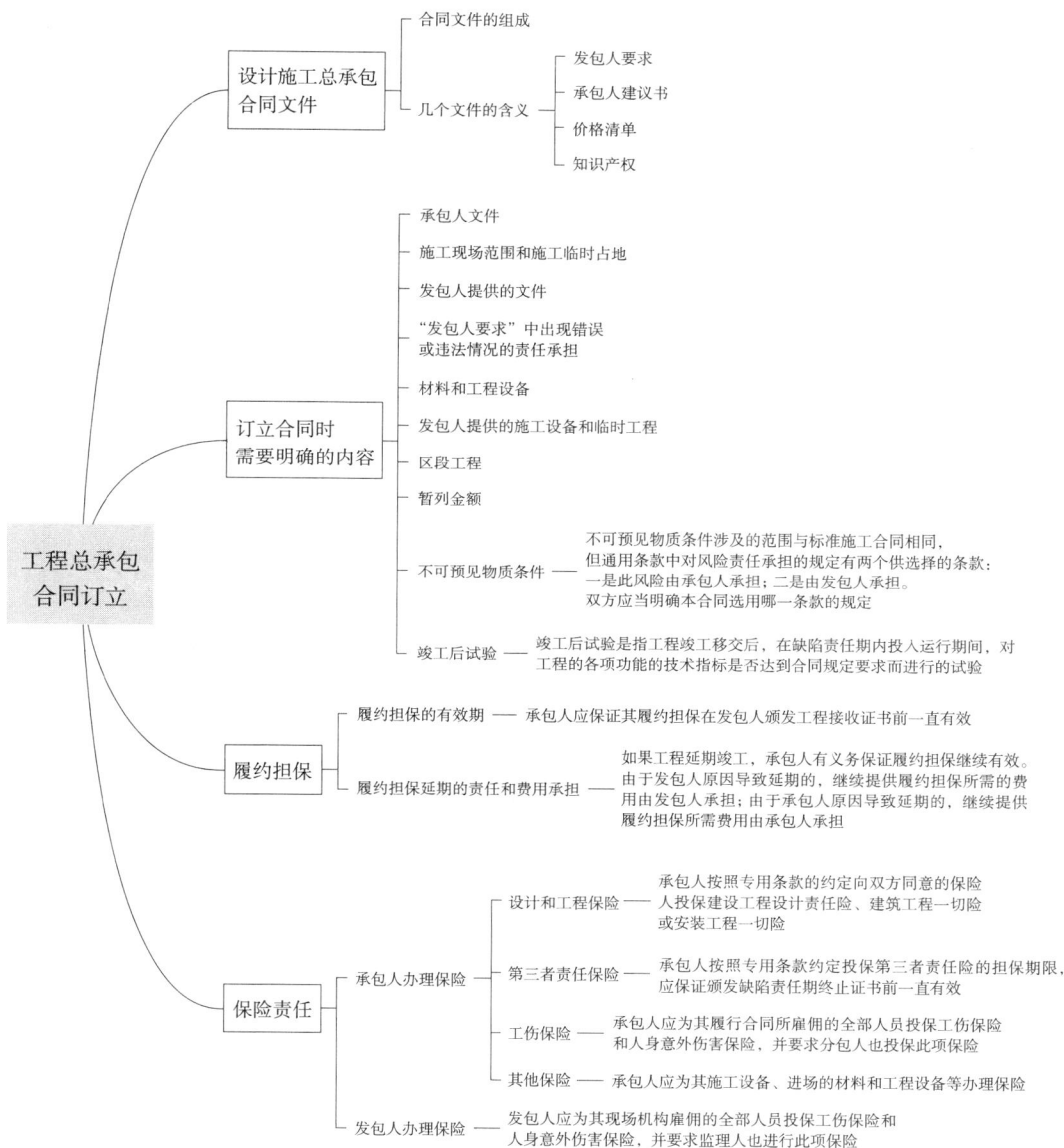

习题汇总

一、设计施工总承包合同文件

（一）合同文件的组成

1.（2019—40）根据《标准设计施工总承包招标文件》，中标通知书，合同协议书和专用条款内容不一致时，如果专用条款没有另行约定，应以（　　）的内容为准。

    A．合同协议书   B．中标通知书

    C．专用条款   D．发包人要求

    2．（2022—40）根据《标准设计施工总承包招标文件》，合同文件包括：①承包人建议书；②中标通知书；③合同协议书。仅就上述组成文件而言，正确的优先解释顺序为（　　）。

    A．①—②—③   B．③—①—②

    C．①—③—②   D．③—②—①

    3．（2021—42）根据《标准设计施工总承包招标文件》，组成合同的文件有：①发包人要求；②价格清单；③通用合同条款。仅就上述合同文件而言，正确的优先解释顺序是（　　）。

    A．①—②—③   B．③—②—①

    C．③—①—②   D．②—③—①

    4．下列文件中，不属于设计施工总承包合同组成文件的是（　　）。

    A．工程量清单   B．专用条款

    C．承包人建议书   D．发包人要求

（二）几个文件的含义

    5．关于设计施工总承包合同文件的表述，正确的是（　　）。

    A．设计施工总承包合同规定，发包人要求文件应说明工程范围、时间要求、技术要求以及竣工试验等 11 个方面的内容

    B．承包人建议书应包括承包人的工程设计方案和设备方案的说明、工程报价清单、对发包人要求中的错误说明等内容

    C．价格清单是指承包人按发包人的设计图纸概算量，填入单价后计算的合同价格清单

    D．承包人在投标文件中采用专利技术的，专利技术的使用费不包含在投标报价内

1．发包人要求

    6．（2016—39）根据《标准施工总承包招标文件》中的《合同条款及格式》，下列文件中，属于设计施工总承包合同组成文件的是（　　）。

    A．工程量清单   B．发包人要求

    C．单位分析表   D．发包人建议

    7．（2017—74）根据《标准设计施工总承包招标文件》中的《合同条款及格式》，"发包人要求"文件包含的内容有（　　）。

    A．工程项目管理规定   B．设计完成时间

    C．缺陷责任期服务要求   D．合同价格清单

    E．设计标准和规范

    8．（2017—39）根据《标准设计施工总承包招标文件》中的《合同条款及格式》，"发

包人要求"中竣工试验的第一阶段应对（ ）提出要求。

A．单车试验   B．联动试车

C．投料试车   D．性能测试

9．（2022—41）根据《标准设计施工总承包招标文件》，在工程竣工试验的第二阶段，发包人应提出对（ ）的要求。

A．单车试验   B．功能性试验

C．联动试车   D．性能测试

10．（2017—43）根据《标准设计施工总承包招标文件》中的《合同条款及格式》，工程竣工试验分三个阶段，其中第二阶段进行的是（ ）。

A．性能测试   B．联动试车

C．单车实验   D．系统联调

11．设计施工总承包合同订立文件中发包人要求的工程范围包括（ ）。

A．竣工验收及工程款的结算工作   B．发包人的配合工作

C．工作界区说明   D．临时工程的设计与施工范围

E．永久工程的设计、采购、施工范围

12．根据《标准设计施工总承包招标文件》中的《合同条款及格式》，"发包人要求"中竣工试验的第三阶段应对（ ）提出要求。

A．联动试车   B．性能测试

C．单车试验   D．投料试车

2．承包人建议书

13．（2015—74）根据《标准设计施工总承包合同》，承包人建议书应包括的内容有（ ）。

A．工程设计方案   B．工程施工方案

C．工程分包方案   D．工程报价清单

E．工程质量标准

14．设计施工总承包合同订立的文件中，承包人建议书是对"发包人要求"的响应文件，其内容包括（ ）。

A．承包人的工程设计方案   B．设备方案的说明

C．分包方案   D．价格清单

E．对发包人要求中的错误说明

3．价格清单

15．（2018—41）《设计施工总承包合同》的"价格清单"是指（ ）。

A．承包人按照发包人提出的工程量清单而计算的报价单

B．承包人按发包人的设计图纸概算量，填入单价后计算的合同价格

C．承包人按其提出的投标方案计算的设计、施工、竣工、试运行、缺陷责任期各阶段的计划费用

D. 承包人向发包人的投标报价

16. 设计施工总承包合同的（　　），指承包人按投标文件中规定的格式和要求填写，并标明价格的报价单。

A. 价格清单   B. 工程量清单

C. 合同协议书   D. 承包人建议书

4. 知识产权

17.（2020—39）根据《标准设计施工总承包招标文件》，关于采用专利技术的说法，正确的是（　　）。

A. 承包人采用专利技术的费用应包含在投标报价中

B. 承包人采用专利技术的费用应由发包人另行补偿

C. 承包人因侵犯专利权引起的责任由合同双方共同承担

D. 承包人因侵犯专利权引起的责任由发包人承担

18.（2021—39）根据《标准设计施工总承包招标文件》，投标人在投标文件中提出采用专利技术的，专利技术使用费的报价和评审正确的是（　　）。

A. 在投标报价外单列，单独进行投标报价评审

B. 包含在投标报价中，综合进行投标报价评审

C. 不进行报价，由评标委员会评估

D. 不计入报价，中标后单独报价评审

二、订立合同时需要明确的内容

19.（2022—73）根据《标准设计施工总承包招标文件》中的通用合同条款，可以由当事人在两种可供选择的条款中进行选择的情形有（　　）。

A. 发包人是否提供竣工后试验所必需的燃料和材料

B. 计日工费和暂估价是否包括在合同价格中

C. 办理取得出入施工场地的道路通行权

D. 发包人要求中的错误导致承包人受到损失

E. 发包人是否提供施工设备和临时工程

20.（2015—40）根据《标准设计施工总承包合同》，对于发包人要求中的错误，正确的处理方式是在订立合同时（　　）。

A. 选用无条件补偿条款或有条件补偿条款

B. 将无条件补偿条款写入专用条款

C. 将有条件补偿条款写入专用条款

D. 明确复核未发现原始数据错误造成的损失由承包人承担

21.（2016—40）建设工程设计施工总承包合同中"承包人文件"最重要的组成内容是（　　）。

A. 价格清单   B. 分析软件

C．设计文件　　　　　　　　　　　　D．计算书

22.（2017—40）根据《标准设计施工总承包招标文件》中的《合同条款及格式》，对于施工中遇到的不可预见物质条件风险，正确的处理方式是（　　）。

A．由发包人承担风险　　　　　　　　B．在合同中明确风险承担方

C．由承包人承担风险　　　　　　　　D．由合同双方共担风险

23.（2019—76）根据《标准设计施工总承包招标文件》，关于竣工后试验的说法，正确的有（　　）。

A．应当在工程竣工后、移交前进行

B．应当在工程移交后的缺陷责任期内进行

C．试验所必需的电力由发包人提供

D．在专用条款中只能约定应当由发包人负责

E．在专用条款中只能约定应当由承包人负责

24.（2021—34）根据《标准设计施工总承包招标文件》，承包人文件中最主要的文件是（　　）。

A．设计文件　　　　　　　　　　　　B．施工组织设计

C．价格清单　　　　　　　　　　　　D．承包人建议书

25.（2021—76）根据《标准设计施工总承包招标文件》，合同双方需在专用合同条款中约定承包人向监理人提供的设计文件的（　　）。

A．内容　　　　　　　　　　　　　　B．格式

C．数量　　　　　　　　　　　　　　D．地点

E．时间

26. 设计施工总承包合同订立时，无条件补偿条款规定承包人复核时未发现发包人要求的错误，实施过程中因该错误导致承包人增加了费用和（或）工期延误，发包人应（　　）。

A．仅承担由此增加的费用

B．仅承担由此增加的工期延误

C．承担由此增加的费用和（或）顺延合同工期

D．承担由此增加的费用和（或）工期延误，并向承包人支付合理利润

27. 设计施工总承包合同订立时，如果发包人要求违反法律规定，承包人发现后应书面通知发包人，并要求其改正。发包人收到通知后不予改正或不作答复，承包人有权拒绝履行合同义务，直至解除合同。此时（　　）。

A．发包人仅承担承包人由此引起的费用损失

B．发包人仅承担承包人由此引起的工期损失

C．发包人应承担由此引起的承包人全部损失

D．发包人与承包人共同承担由此引起的承包人全部损失

28. 设计施工总承包合同订立的有条件补偿条款规定，无论承包人复核时发现与

否，由于（　　）的错误，导致承包人增加费用和（或）延误的工期，均由发包人承担，并向承包人支付合理利润。

A．试验和检验标准

B．对工程的工艺安排或要求

C．对工程或其任何部分的功能要求

D．发包人要求中引用的原始数据和资料

E．承包人可以通过其他途径核实的数据和资料

29．根据《标准设计施工总承包合同》，承包人在复核"发包人要求"时，无论发现与否，由于资料错误而导致承包人费用增加，由发包人承担责任的有（　　）。

A．引用的原始数据和资料错误　　　　B．对工程的功能要求错误

C．对工程进度的要求不合理　　　　　D．试验和检验标准不准确

E．对项目生产工艺的要求错误

30．依据《设计施工总承包合同》，监理人收到不利物质条件的内容以及承包人认为不可预见的理由通知后应当及时发出指示，监理人没有发出指示，承包人因采取合理措施而增加的费用和（或）工期延误，由（　　）承担。

A．承包人　　　　　　　　　　　　　B．发包人

C．监理人　　　　　　　　　　　　　D．发包人和监理人共同

三、履约担保

31．（2022—42）根据《标准设计施工总承包招标文件》，承包人应保证其履约担保在（　　）前一直有效。

A．承包人提出工程竣工验收申请

B．发包人颁发工程接收证书

C．承包人提出工程竣工计算申请

D．发包人颁发工程缺陷责任终止证书

32．关于设计施工总承包合同履约担保的表述中，不正确的是（　　）。

A．承包人应保证其履约担保在发包人颁发工程接收证书前一直有效

B．如果合同约定需要进行竣工后试验，承包人应保证其履约担保在竣工后试验通过前一直有效

C．如果工程延期竣工，承包人有义务保证履约担保继续有效

D．由于发包人原因导致延期的，继续提供履约担保所需的费用由发包人与承包人共同承担

四、保险责任

33．（2015—41）根据《标准设计施工总承包合同》，投保工伤保险和人身意外伤害险的正确做法是（　　）。

A．承包人和分包人应投保，发包人和监理人不需要投保

B．承包人、分包人及监理人应投保，发包人不需要投保

C．承包人和监理人应投保，发包人和分包人不需要投保

D．发包人、监理人、承包人和分包人均应投保

34．（2019—41）根据《标准设计施工总承包招标文件》，关于责任保险的说法，正确的是（　　）。

A．建设工程设计责任险应当由发包人投保

B．选择建设工程设计责任险的保险人，应当经发包人与承包人双方同意

C．第三者责任险应当由发包人与承包人共同投保

D．发包人应当为承包人的施工设备投保

35．根据《标准设计施工总承包招标文件》，需要投保工伤险和人身意外伤害险的是（　　）。

A．发包人、监理人、承包人和分包人

B．承包人和监理人

C．承包人、分包人和监理人

D．承包人和分包人

（一）承包人办理保险

1．投保的险种

36．（2016—41）根据《标准施工总承包招标文件》中的《合同条款及格式》，承包人应保证其投保需第三者责任险在（　　）前一直有效。

A．签发工程验收证书　　　　　　　B．出具最终结清证书

C．提交竣工验收报告　　　　　　　D．颁发缺陷责任期终止证书

37．（2021—62）根据《标准设计施工总承包招标文件》，合同双方应在专用合同条款中约定设计和工程保险的（　　）。

A．投保时间　　　　　　　　　　　B．投保险种

C．保险范围　　　　　　　　　　　D．保险期限

E．投保对象

38．根据《标准设计施工总承包招标文件》，关于保险责任的说法，正确的是（　　）。

A．由发包人投保建设工程设计责任险、建筑工程一切或安装工程一切险

B．承包人按照专用条款约定投保第三者责任险的担保期限，应保证颁发缺陷责任期终止证书前一直有效

C．承包人、分包人和发包人均应投保工伤保险，监理人则无需投保工伤保险

D．承包人需要变动保险合同条款时，应事先征得监理人同意，并通知发包人

2．对各项保险的要求

39．（2017—41）根据《标准设计施工总承包招标文件》中的《合同条款及格式》，承包人应按照专用条款的约定投保建设工程设计责任险和工程保险，需要变动保险合

同条款时，承包人的正确做法是（　　）。

A．事先征得监理人同意，并通知设计人

B．事先征得监理人同意，并通知发包人

C．事先征得设计人同意，并通知监理人

D．事先征得发包人同意，并通知监理人

3．未按约定投保的补救

40．设计施工总承包合同中，因承包人未按合同约定办理设计和工程保险、第三者责任保险，导致发包人受到保险范围内事件影响的损害而又不能得到保险人的赔偿时，原应从该项保险得到的保险赔偿金由（　　）承担。

A．承包人 　　　　　　　　　　B．发包人

C．承包人与发包人共同 　　　　D．监理人

（二）发包人办理保险

41．（2016—75）根据《标准设计施工总承包招标文件》中的《合同条款及格式》，发包人应投保的保险有（　　）。

A．职业责任险 　　　　　　　　B．现场人员工伤保险

C．第三者责任险 　　　　　　　D．设计和工程保险

E．现场人身意外伤害保险

习题答案及解析

1．A	2．D	3．C	4．A	5．A
6．B	7．ABCE	8．A	9．C	10．B
11．BCDE	12．B	13．AC	14．ABCE	15．C
16．A	17．A	18．B	19．BCDE	20．A
21．C	22．B	23．BC	24．A	25．ACE
26．D	27．C	28．ABCD	29．ABDE	30．B
31．B	32．D	33．D	34．B	35．A
36．D	37．BCD	38．B	39．D	40．A
41．BE				

【解析】

1．A。在标准总承包合同的通用条款中规定，履行合同过程中，构成对发包人和承包人有约束力合同的组成文件包括：（1）合同协议书；（2）中标通知书；（3）投标函及投标函附录；（4）专用条款；（5）通用合同条款；（6）发包人要求；（7）承包人建议书；（8）价格清单；（9）其他合同文件—经合同当事人双方确认构成合同文件的其他文件。合同的各文件中出现含义或内容的矛盾时，如果专用条款没有另行的约定，以上合同文件序号为优先解释的顺序。

7．ABCE。发包人要求是承包人进行工程设计和施工的基础文件，应尽可能清晰准确。设计施工总承包合同规定，发包人要求文件应说明 11 个方面的内容：（1）功能要求；（2）工程范围；（3）工艺安排或要求；（4）时间要求；（5）技术要求；（6）竣工试验；（7）竣工验收；（8）竣工后试验（如有）；（9）文件要求；（10）工程项目管理规定；（11）其他要求。

8．A。竣工试验：（1）第一阶段，如对单车试验等的要求，包括试验前准备；（2）第二阶段，如对联动试车、投料试车等的要求，包括人员、设备、材料、燃料、电力、消耗品、工具等必要条件；（3）第三阶段，如对性能测试及其他竣工试验的要求，包括产能指标、产品质量标准、运营指标、环保指标等。

13．AC。承包人建议书是对"发包人要求"的响应文件，包括承包人的工程设计方案和设备方案的说明；分包方案；对发包人要求中的错误说明等内容。

15．C。价格清单是指承包人完成所提投标方案计算的设计、施工、竣工、试运行、缺陷责任期各阶段的计划费用，清单价格费用的总和为签约合同价。

19．BCDE。竣工后试验所必需的电力、设备、燃料、仪器、劳力、材料等由发包人提供。故 A 选项排除。通用条款中对承包人在投标阶段，按照发包人在价格清单中给出的计日工和暂估价的报价均属于暂列金额内支出项目。通用条款内分别列出两种可选用的条款。一种是计日工费和暂估价均已包括在合同价格内。实施过程中不再另行考虑；另一种是实际发生的费用另行补偿的方式。订立合同时应明确本合同采用哪个条款的规定。故 B 选项正确。通用条款对道路通行权和场外设施作出了两种可选用的约定形式。故 C 选项正确。对于发包人要求中的错误导致承包人受到损失的后果责任，通用条款给出了两种供选择的条款。故 D 选项正确。发包人是否负责提供施工设备和临时工程，在通用条款中也给出两种不同的供选择条款。故 E 选项正确。

20．A。对于发包人要求中的错误导致承包人受到损失的后果责任，《标准设计施工总承包合同》通用条款给出了两种供选择的条款即无条件补偿条款和有条件补偿条款。

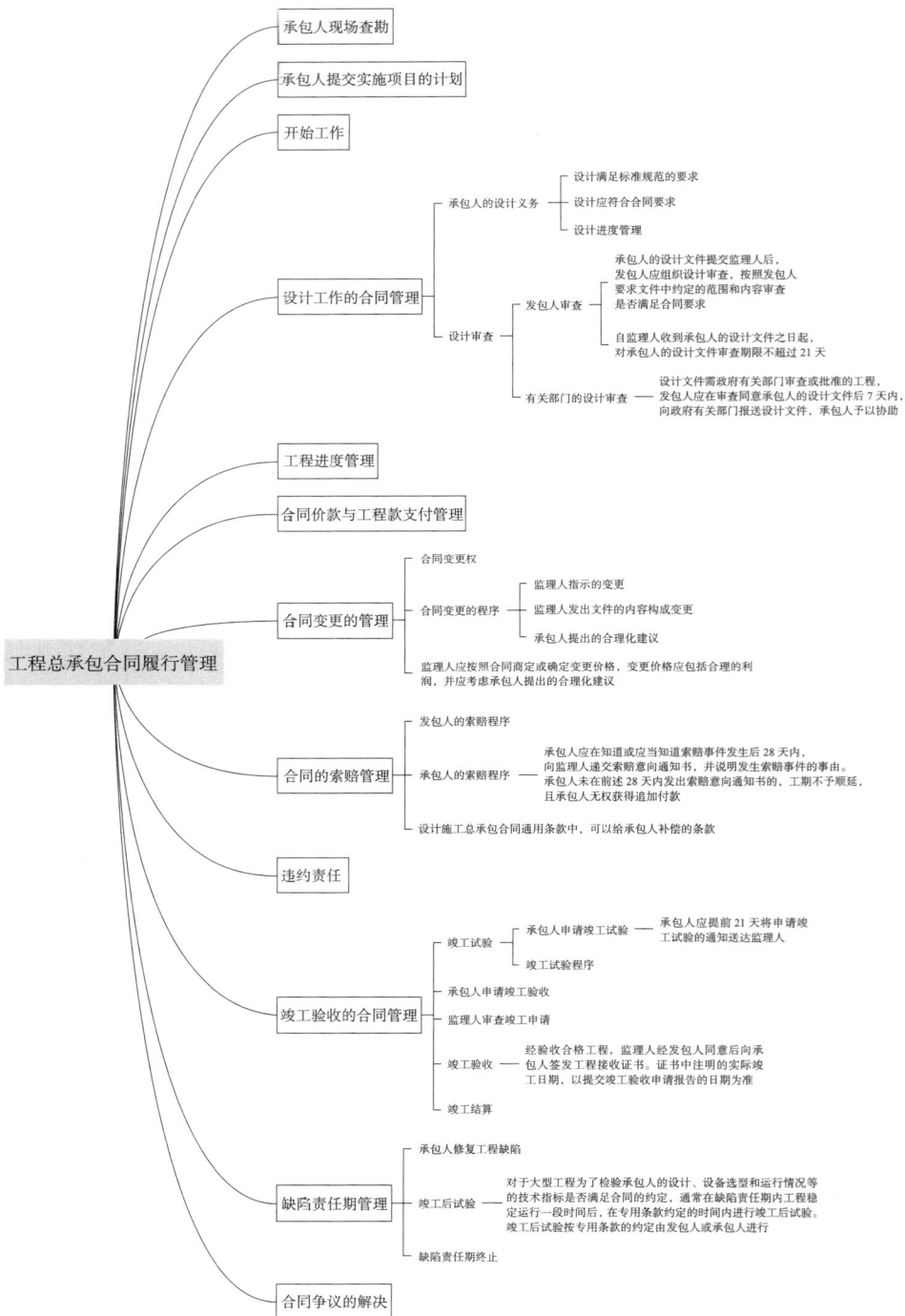

第四节 工程总承包合同履行管理

知识导学

工程总承包合同履行管理
- 承包人现场查勘
- 承包人提交实施项目的计划
- 开始工作
- 设计工作的合同管理
  - 承包人的设计义务
    - 设计满足标准规范的要求
    - 设计应符合合同要求
    - 设计进度管理
  - 设计审查
    - 发包人审查
      - 承包人的设计文件提交监理人后，发包人应组织设计审查，按照发包人要求文件中约定的范围和内容审查是否满足合同要求
      - 自监理人收到承包人的设计文件之日起，对承包人的设计文件审查期限不超过 21 天
    - 有关部门的设计审查 —— 设计文件需政府有关部门审查或批准的工程，发包人应在审查同意承包人的设计文件后 7 天内，向政府有关部门报送设计文件，承包人予以协助
- 工程进度管理
- 合同价款与工程款支付管理
- 合同变更的管理
  - 合同变更权
  - 合同变更的程序
    - 监理人指示的变更
    - 监理人发出文件的内容构成变更
    - 承包人提出的合理化建议
  - 监理人应按照合同商定或确定变更价格，变更价格应包括合理的利润，并应考虑承包人提出的合理化建议
- 合同的索赔管理
  - 发包人的索赔程序
  - 承包人的索赔程序 —— 承包人应在知道或应当知道索赔事件发生后 28 天内，向监理人递交索赔意向通知书，并说明发生索赔事件的事由。承包人未在前述 28 天内发出索赔意向通知书的，工期不予顺延，且承包人无权获得追加付款
  - 设计施工总承包合同通用条款中，可以给承包人补偿的条款
- 违约责任
- 竣工验收的合同管理
  - 竣工试验
    - 承包人申请竣工试验 —— 承包人应提前 21 天将申请竣工试验的通知送达监理人
    - 竣工试验程序
  - 承包人申请竣工验收
  - 监理人审查竣工申请
  - 竣工验收 —— 经验收合格工程，监理人经发包人同意后向承包人签发工程接收证书。证书中注明的实际竣工日期，以提交竣工验收申请报告的日期为准
  - 竣工结算
- 缺陷责任期管理
  - 承包人修复工程缺陷
  - 竣工后试验 —— 对于大型工程为了检验承包人的设计、设备选型和运行情况等的技术指标是否满足合同的约定，通常在缺陷责任期内工程稳定运行一段时间后，在专用条款约定的时间内进行竣工后试验。竣工后试验按专用条款的约定由发包人或承包人进行
  - 缺陷责任期终止
- 合同争议的解决

习题汇总

一、承包人现场查勘

1. 在设计施工阶段总承包合同履行过程中，发包人对（ ）以及其他与建设工程有关的原始资料，承担原始资料错误造成的全部责任。

  A. 提供的气象和水文观测资料

  B. 提供的相邻建筑物和构筑物、地下工程的有关资料

  C. 设计文件的质量

  D. 设计进度管理文件

  E. 提供的施工场地及毗邻区域内的供水、排水、供电、供气、供热、通信、广播电视等地下管线位置的资料

二、承包人提交实施项目的计划

  仅做了解即可。

三、开始工作

2.（2021—24）根据《标准设计施工总承包招标文件》，因发包人原因造成监理人未能在合同签订之日起（ ）日内发出开始工作通知，承包人有权提出价格调整或解除合同。

  A. 30   B. 60

  C. 90   D. 120

3.（2022—74）根据《标准设计施工总承包招标文件》，发包人、承包人或监理人需要在 7 天内完成相应工作的情形有（ ）。

  A. 监理人获得发包人同意后向承包人发出开始工作通知

  B. 监理人收到承包人报送的进度款支付分解报告给予批复

  C. 发包人收到承包人提出遵守新规定的建议后发出指示

  D. 监理人收到承包人进度付款申请单后进行审核

  E. 承包人在发出索赔意向通知书后向监理人正式递交索赔通知书

4. 依据《设计施工总承包合同》，符合专用条款约定的开始工作条件时，监理人获得发包人同意后应提前（ ）日向承包人发出开始工作通知。合同工期自开始工作通知中载明的开始工作日期起计算。

  A. 7   B. 14

  C. 21   D. 28

5. 设计施工阶段总承包合同履行过程中，因发包人原因造成监理人未能在合同签订之日起 90 日内发出开始工作通知，（ ）应当承担增加的费用。

A. 监理人   B. 设计人

C. 承包人   D. 发包人

四、设计工作的合同管理

6. （2019—42）根据《标准设计施工总承包招标文件》，关于设计管理的说法，正确的是（　　）。

A. 设计的实际进度滞后计划进度，发包人无权要求承包人修改进度计划

B. 发包人无权对设计文件进行审查

C. 政府有关部门仅需对设计文件进行备案

D. 承包人完成设计工作遵守的国家、行业和地方标准应当采用基准日适用的版本

（一）承包人的设计义务

7. 设计施工总承包合同履行过程中，承包人应按照发包人要求，在合同进度计划中专门列出设计进度计划，报（　　）批准后执行。

A. 监理人   B. 发包人

C. 发包人与监理人   D. 发包人与分包人

（二）设计审查

8. （2022—43）根据《标准设计施工总承包招标文件》，自监理人收到承包人的设计文件之日起，对设计文件的审查期限不应超过（　　）天。

A. 21   B. 28

C. 42   D. 56

9. （2020—40）根据《标准设计施工总承包招标文件》中的通用合同条款，自监理人收到承包人的设计文件之日起，对承包人设计文件的审查期限应不超过（　　）日。

A. 7   B. 14

C. 21   D. 28

五、工程进度管理

（一）修订进度计划

10. 在设计施工阶段不论何种原因造成工程的实际进度与合同进度计划不符时，承包人可以在专用条款约定的期限内向监理人提交修订合同进度计划的申请报告，并附有关措施和相关资料，报（　　）批准。

A. 发包人   B. 监理人

C. 本级建设行政主管部门   D. 发包人与监理人共同

（二）顺延合同工期的情况

11. 采用《标准设计施工总承包合同》的工程项目，合同履行中出现合同进度计划工作的延误，应由发包人承担延长工期和增加费用并支付合理利润的是（　　）。

A. 发包人要求的设计变更

B．发包人未按期审查承包人文件

C．承包人未按已确认修改的设计文件实施

D．发包人提供的材料延误

E．异常不利的气候条件

六、合同价款与工程款支付管理

12．（2015—75）根据《标准设计施工总承包合同》，承包人在编制进度款支付分解表时，对拟支付的款项进行分解应考虑的因素有（　　）。

A．工程效率　　　　　　　　　　B．费用性质

C．计划发生时间　　　　　　　　D．相应工作量

E．人员安排

13．（2016—42）根据《标准施工总承包招标文件》中的《合同条款及格式》，承包人应根据价格清单中的价格构成、费用性质、计划发生时间和相应工作量等因素编制（　　）。

A．工程进度款支付分解表　　　　B．投资计划使用分配表

C．工程进度款使用计划表　　　　D．建设资金平衡表

14．根据《标准施工总承包招标文件》中的《合同条款及格式》，承包人应根据价格清单的（　　）等因素，对拟支付的款项进行分解并编制支付分解表。

A．价格构成　　　　　　　　　　B．计划发生时间

C．费用性质　　　　　　　　　　D．相应工作量

E．人员安排

15．设计施工总承包合同通用条款规定，除非专用条款约定合同工程采用固定总价承包的情况外，应以（　　）作为支付的依据。

A．实际完成的工作量　　　　　　B．固定单价

C．可调单价　　　　　　　　　　D．可调总价

七、合同变更的管理

16．（2015—42）根据《标准设计施工总承包合同》，"变更管理"正确程序是（　　）。

A．发包人发出变更指示→承包人提交实施方案→监理人审批方案→监理人签发变更指令

B．监理人发出变更意向书→承包人提交实施方案→监理人审批方案→监理人签发变更指令

C．监理人发出变更意向书→承包人提交实施方案→发包人同意实施方案→监理人签发变更指令

D．发包人发出变更意向书→承包人提交实施方案→发包人同意实施方案→监理人签发变更指令

17.（2017—42）根据《标准设计施工总承包招标文件》中的《合同条款及格式》，在合同履行过程中，承包人提出合理化建议时，正确的处理程序是（　　）。

A. 承包人向监理人提出→监理人与发包人协商→监理人向承包人发出变更指示

B. 承包人向监理人提出→监理人向发包人报告→发包人与承包人协商合同变更

C. 承包人向发包人提出→发包人与监理人协商→监理人向承包人发出变更指示

D. 承包人向发包人提出→发包人通知监理人→监理人向承包人发出变更指示

八、合同的索赔管理

18.（2005—50）依据施工合同示范文本规定，索赔事件发生后的 28 日内，承包人应向监理人递交（　　）。

A. 现场同期记录   B. 索赔意向通知书

C. 索赔报告   D. 索赔证据

19.（2007—49）某工程项目施工中现场出现了图纸中未标明的地下障碍物，需要作清除处理。按照合同条款的约定，承包人应在索赔事件发生后 28 日内向监理人递交（　　）。

A. 索赔报告   B. 索赔意向通知书

C. 索赔依据和资料   D. 工期和费用索赔的具体要求

20.（2009—49）如果施工索赔事件的影响持续存在，承包商应在该索赔事件影响结束后的 28 日内向监理人递交（　　）。

A. 索赔意向通知书   B. 索赔报告

C. 施工现场的记录   D. 索赔依据

21.（2015—43）根据《标准设计施工总承包合同》，工程实施中应给予承包人延长工期、增加费用并支付合理利润的情形是（　　）。

A. 发包人提供的材料不符合要求   B. 监理人的指示错误

C. 不可预见的物质条件   D. 异常恶劣的气候条件

22.（2018—75）根据《设计施工总承包合同》通用条款，发包人可以对承包人补偿工期和费用，但不包括利润的情形有（　　）。

A. 发包人未能按时提供文件   B. 发现文物

C. 行政审批延误   D. 发包人原因造成工期延误

E. 出现异常恶劣气候条件

23.（2020—72）根据《标准设计施工总承包招标文件》中的通用合同条款，承包人有权提出工期、费用和利润三项索赔的情形有（　　）。

A. 不可预见的物质条件   B. 发包人原因导致工期延误

C. 监理人的指示错误   D. 发包人提供的材料延误

E. 异常恶劣的气候条件

24.（2021—72）根据《标准设计施工总承包招标文件》，合同履行过程中发生（　　）情形的，承包人仅可获得工期、费用补偿，而不能获得利润补偿。

A．争议评审组对监理人确定的修改 B．异常恶劣的气候条件

C．基准资料有误 D．发包人原因造成质量不合格

E．行政审批延误

25．（2022—75）根据《标准设计施工总承包招标文件》，承包人可获得工期、费用和利润补偿的情形有（ ）。

A．发包人违约解除合同 B．不可抗力发生后的工程照管

C．不可预见物质条件 D．发包人原因影响设计进度

E．监理人指示延误或错误

26．根据《设计施工总承包合同》通用条款，发包人应对承包人工期、费用和利润均进行补偿的是原因包括（ ）。

A．监理人的指示延误、错误

B．异常恶劣的气候条件

C．缺陷责任期内非承包人原因缺陷的修复

D．重新试验表明材料、设备、工程质量合格

E．发包人提前接收区段对承包人施工的影响

27．设计施工阶段总承包合同履行过程中，承包人可以同时获得工期、费用与利润补偿的情形包括（ ）。

A．未能按时提供文件

B．发包人要求提前交货

C．发包人原因指示的暂停工作

D．发包人提供的材料、设备不符合要求

E．重新试验表明材料、设备、工程质量合格

九、违约责任

28．（2021—29）某工程完成竣工验收后，建设单位发现有一处防火门的开启方向不符合设计要求，则整改该问题所产生的费用应由（ ）承担。

A．发包人 B．承包人

C．发包人和监理人共同 D．参与验收的各方共同

29．根据《标准设计施工总承包招标文件》，监理人发出整改通知（ ）日后，承包人仍不纠正违约行为的，发包人有权解除合同并向承包人发出解除合同通知。

A．7 B．14

C．28 D．56

十、竣工验收的合同管理

30．（2016—43）根据《标准设计施工总承包招标文件》中的《合同条款及格式》，竣工试验分三阶段进行，其中第一阶段进行的是（ ）。

A. 联动试车   B. 保证工程满足合同要求的试验

C. 功能性试验   D. 产能及环保指标测试

31. （2016—76）根据《标准设计施工总承包招标文件》中的《合同条款及格式》，关于竣工验收及竣工后试验的说法，正确的有（   ）。

A. 承包人应在竣工试验通过后按合同约定进行工程设备试运行

B. 承包人应提前 21 日将申请竣工试验的通知送达监理人

C. 工程验收合格后，发包人直接向承包人签发工程接收证书

D. 竣工后试验通常在缺陷责任期内工程安全稳定运行一段时间后进行

E. 工程接收证书中注明的实际竣工日期以验收合格的日期为准

32. 设计施工阶段总承包合同的承包人应提前（   ）日将申请竣工试验的通知送达监理人，并按照专用条款约定的份数，向监理人提交竣工记录、暂行操作和维修手册。

A. 14   B. 21

C. 35   D. 42

十一、缺陷责任期管理

33. （2017—76）根据《标准设计施工总承包招标文件》中的《合同条款及格式》，关于缺陷责任期及竣工后试验的说法，正确的有（   ）。

A. 承包人应负责缺陷责任期内工程的日常维护工作

B. 竣工后试验应在缺陷责任期内进行

C. 发包人应提前 28 日将竣工后试验的日期通知承包人

D. 缺陷责任期内承包人有权进入工程现场修复工程缺陷

E. 竣工后试验应按专月合同条款约定由发包人或承包人进行

34. 缺陷责任期内承包人不能在合理时间内修复的缺陷，（   ）。

A. 发包人只能自行修复，修复费用由承包方承担

B. 发包人可自行修复或委托其他人修复，所需费用和利润由承包方承担

C. 发包人只能自行修复，所需费用和利润按缺陷原因的责任方承担

D. 发包人可自行修复或委托其他人修复，修复费用由缺陷原因的责任方承担

35. 根据《标准设计施工总承包合同》，关于竣工后试验的说法，错误的有（   ）。

A. 发包人在场的情况下承包人进行竣工后试验

B. 竣工后试验由监理人组织发包人和承包人进行

C. 发包人应将竣工后试验的日期提前 21 日通知承包人

D. 监理人在竣工后试验合格时向承包人签发工程接收证书

E. 竣工后试验通常在缺陷责任期内工程稳定运行一段时间后进行

十二、合同争议的解决

36. （2021—5）根据《标准设计施工总承包招标文件》，发包人与承包人在履行合

同中发生争议，经争议评审组评审但当事人不接受评审意见而提交仲裁的，应在仲裁结束前暂按（　　）执行。

A．争议评审组的评审意见　　　　　　B．发包人的意见

C．承包人的意见　　　　　　　　　　D．总监理工程师的确定

习题答案及解析

1．ABE	2．C	3．ABCD	4．A	5．D
6．D	7．B	8．A	9．C	10．B
11．ABD	12．BCD	13．A	14．ABCD	15．A
16．C	17．A	18．B	19．B	20．A
21．B	22．BCE	23．BCD	24．ABE	25．BDE
26．ADE	27．ACE	28．B	29．C	30．C
31．ABD	32．B	33．BDE	34．D	35．BD
36．D				

【解析】

3．ABCD。符合专用条款约定的开始工作条件时，监理人获得发包人同意后应提前 7 天向承包人发出开始工作通知。故 A 选项正确。承包人应当在收到经监理人批复的合同进度计划后 7 天内，将支付分解报告以及形成支付分解报告的支持性资料报监理人审批。故 B 选项正确。发包人应在收到建议后 7 天内发出是否遵守新规定的指示。故 C 选项正确。监理人应在收到承包人提交的工程量报表后的 7 天内进行复核。故 D 选项正确。承包人应在发出索赔意向通知书后 28 天内,向监理人正式递交索赔通知书。故 E 选项错误。

16．C。合同履行过程中,经发包人同意监理人可向承包人做出有关"发包人要求"改变的变更意向书。承包人按照变更意向书的要求，提交包括拟实施变更工作的设计、计划、措施和竣工时间等内容的实施方案。发包人同意承包人的变更实施方案后，由监理人发出变更指示。

21．B。发包人提供的材料不符合要求可给予承包人工期和费用补偿；监理人的指示错误可给予承包人工期、费用和利润补偿；不可预见的物质条件可给予承包人工期和费用补偿；异常恶劣的气候条件可给予承包人工期和费用补偿。

25．BDE。A 选项只补偿费用和利润。C 选项只补偿工期和费用。BDE 选项可获得工期、费用和利润补偿。

30．C。通用条款规定的竣工试验程序按三阶段进行。第一阶段，承包人进行适当的检查和功能性试验，保证每一项工程设备都满足合同要求，并能安全地进入下一阶段试验。

第一节　材料设备采购合同特点及分类

知识导学

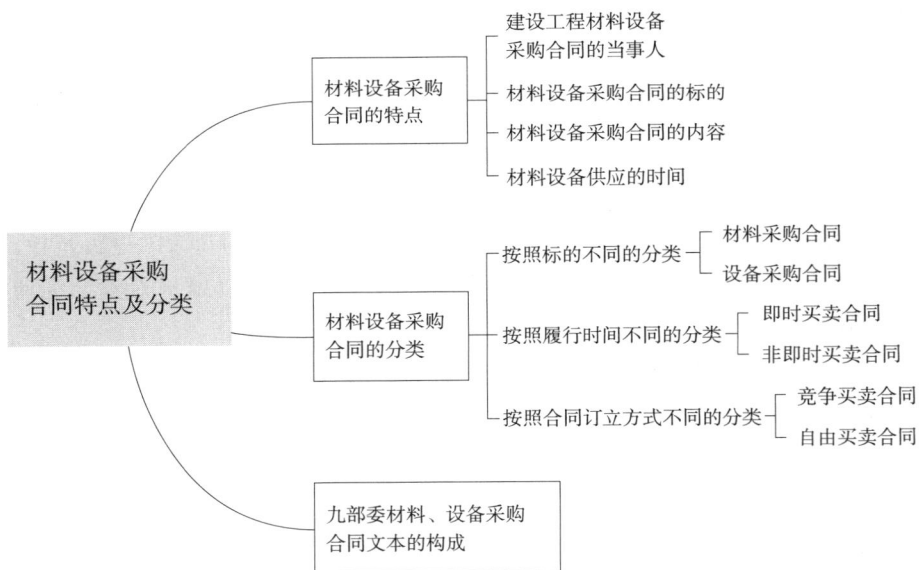

习题汇总

一、材料设备采购合同的概念

1.（2022—76）建设工程材料设备采购合同的属性有（　　）。

A. 主合同　　　　　　　　　　　B. 从合同

C. 双务、有偿合同　　　　　　　D. 诺成合同

E. 委托合同

2．建设工程材料设备采购合同的一般特点有（　　）。

A．以转移财产所有权为目的

B．以实物的交付为合同成立的条件

C．以买受人支付价款为对价

D．合同双方互负一定义务

E．当事人之间意思表示一致

二、材料设备采购合同的特点

3．（2021—75）建设工程材料采购合同条款主要涉及的内容有（　　）。

A．材料生产制造 　　　　　　　　　　B．材料交接程序

C．质量检验方式 　　　　　　　　　　D．材料质量要求

E．合同价款支付

三、材料设备采购合同的分类

4．建设工程材料设备采购合同的标的数量较大时，一般都采用（　　）。

A．即时买卖合同 　　　　　　　　　　B．非即时买卖合同

C．材料采购合同 　　　　　　　　　　D．自由买卖合同

5．非即时买卖合同的表现有很多种，在建设工程材料设备采购合同中比较常见的是（　　）。

A．分期付款买卖 　　　　　　　　　　B．货样买卖

C．分期交付买卖 　　　　　　　　　　D．试用买卖

E．异地交付买卖

四、九部委材料、设备采购合同文本的构成

6．（2022—77）根据《标准设备采购招标文件》，组成设备采购的合同的文件有（　　）。

A．分项报价表 　　　　　　　　　　　B．招标文件

C．供货要求 　　　　　　　　　　　　D．技术服务计划

E．商务和技术偏差表

习题答案及解析

1．CD 　　　2．ACDE 　　　3．BCDE 　　　4．B

5．ABCD 　　　6．ADE

【解析】

1．CD。建设工程材料设备采购合同属于买卖合同具有买卖合同的一般特点：
（1）出卖人与买受人订立买卖合同，是以转移财产所有权为目的。（2）买卖合同的买

受人取得财产所有权，必须支付相应的价款；出卖人转移财产所有权，必须以买受人支付价款为对价。（3）买卖合同是双务、有偿合同。（4）买卖合同是诺成合同。

3．BCDE。建筑材料采购合同的条款一般限于物资交货阶段，主要涉及交接程序、检验方式、质量要求和合同价款的支付等。大型设备的采购，除了交货阶段的工作外，往往还需包括设备生产制造阶段、设备安装调试阶段、设备试运行阶段、设备性能达标检验和保修等方面的条款约定。

6．ADE。设备采购的合同的文件：（1）合同协议书；（2）中标通知书；（3）投标函；（4）商务和技术偏差表；（5）专用合同条款；（6）通用合同条款；（7）供货要求；（8）分项报价表；（9）中标设备技术性能指标的详细描述；（10）技术服务和质保期服务计划；（11）其他合同文件。除专用合同条款另有约定外，上述顺序即为设备采购合同解释合同文件的优先顺序。

第二节　材料采购合同履行管理

知识导学

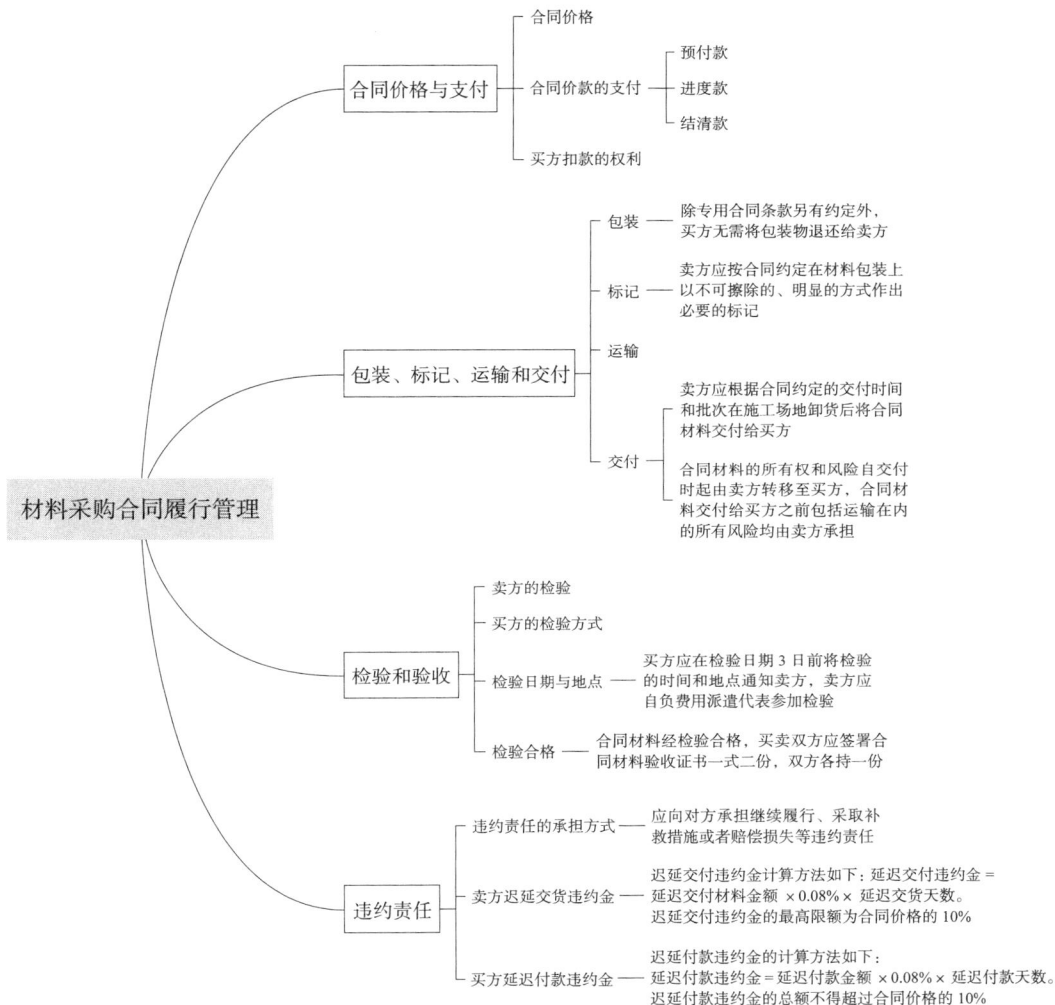

习题汇总

一、合同价格与支付

1.（2020—76）根据《标准材料采购招标文件》中的通用合同条款，材料采购支付的合同价款有（　　）。

A．预付款

B．交货款

C．进度款

D．验收款

E．结清款

2.（2020—74）根据《标准材料采购招标文件》中的通用合同条款，卖方按照合同约定的进度交付合同约定的材料并提供相关服务后，买方在支付进度款前需收到卖方提交的单据有（   ）。

    A. 卖方出具的交货清单正本一份

    B. 买方签署的收货清单正本一份

    C. 制造商出具的出厂质量合格证正本一份

    D. 合同价格 100% 金额的增值税发票正本一份

    E. 保险公司出具的履约保函正本一份

3.（2022—44）根据《标准材料采购招标文件》，除专用合同条款另有约定外，材料采购合同生效后，买方应在约定时间内向卖方支付签约合同价的（   ）作为预付款。

    A. 30%   B. 20%

    C. 15%   D. 10%

4. 根据《标准材料采购招标文件》，除专用合同条款另有约定外，买方在收到卖方开具的注明应付预付款金额的财务收据正本一份经审核无误后 28 日内，买方应向卖方支付签约合同价格的（   ）作为预付款。

    A. 30%   B. 50%

    C. 10%   D. 70%

5.（2021—2）根据《标准材料采购招标文件》，全部合同材料质量保证期届满后，买方应在规定时间内向卖方支付合同价格的（   ）的结清款。

    A. 10%   B. 5%

    C. 3%   D. 2%

6. 卖方按照合同约定的进度交付合同材料并提供相关服务后，买方在收到卖方提交的（   ）并经审核无误后 28 日内，应向卖方支付进度款，进度款支付至该批次合同材料的合同价格的 95%。

    A. 制造商出具的出厂质量合格证正本一份

    B. 卖方出具的交货清单副本一份

    C. 买方签署的收货清单正本一份

    D. 合同价格 95% 以上金额的增值税发票正本一份

    E. 合同材料验收证书或进度款支付函正本一份

二、包装、标记、运输和交付

7. 根据《标准材料采购招标文件》，除专用合同条款另有约定外，卖方应在合同材料预计启运（   ）日前，将注意事项等预通知买方。

    A. 3   B. 9

    C. 5   D. 7

8.（2021—50）根据《标准材料采购招标文件》,合同材料的所有权和风险自（   ）

时由卖方转移到买方。

  A．交付   B．核验

  C．清点   D．签约

  9．（2020—50）根据《标准材料采购招标文件》中的通用合同条款，合同约定的材料运输至施工场地卸货交付后，该材料的照管责任及风险应由（ ）承担。

  A．卖方   B．买方

  C．卖方和买方   D．材料生产厂家

三、检验和验收

  10．（2022—45）根据《标准材料采购招标文件》，合同材料交付前，卖方应对其进行全面检验，并在交付合同材料时向买方提交合同材料的质量证明文件是（ ）。

  A．质量检测报告   B．产品核验清单

  C．第三方检测证明   D．质量合格证书

  11．下列关于材料采购合同检验和验收相关事项的说法中，正确的有（ ）。

  A．合同材料交付后，卖方应在专用合同条款约定的期限内安排对合同材料的规格、质量等进行检验

  B．买方应在检验日期3日前将检验的时间和地点通知卖方，卖方派遣代表参加检验的费用由买方支付

  C．买方在全部合同材料交付后3个月内未安排检验和验收的，卖方可签署进度款支付函提交买方

  D．合同材料验收证书的签署可以免除卖方在质量保证期内对合同材料应承担的保证责任

四、违约责任

  12．（2020—46）根据《标准材料采购招标文件》中通用合同条款，因卖方未能按时支付合同约定的材料时，每延迟交货一天，应向买方支付延迟交付材料金额（ ）的违约金。

  A．0.08%   B．0.5%

  C．0.8%   D．1.0%

  13．根据《标准材料采购招标文件》中的通用合同条款，因买方未能按合同约定支付合同价款的，应向卖方支付延迟交付违约金。除专用合同条款另有约定外，迟延付款违约金的总额不得超过合同价格的（ ）。

  A．5%   B．10%

  C．15%   D．20%

习题答案及解析

1．ACE	2．ABCD	3．D	4．C	5．B
6．ACE	7．D	8．A	9．B	10．D
11．C	12．A	13．B		

【解析】

1．ACE。除专用合同条款另有约定外，买方应通过以下方式和比例向卖方支付合同价款：预付款、进度款、结清款。

2．ABCD。卖方按照合同约定的进度交付合同材料并提供相关服务后，买方在收到卖方提交的下列单据并经审核无误后 28 日内，应向卖方支付进度款，进度款支付至该批次合同材料的合同价格的 95%：（1）卖方出具的交货清单正本一份；（2）买方签署的收货清单正本一份；（3）制造商出具的出厂质量合格证正本一份；（4）合同材料验收证书或进度款支付函正本一份；（5）合同价格 100% 金额的增值税发票正本一份。

9．B。除专用合同条款另有约定外，卖方应根据合同约定的交付时间和批次在施工场地卸货后将合同材料交付给买方。合同材料的所有权和风险自交付时起由卖方转移至买方。

第三节 设备采购合同履行管理

知识导学

习题汇总

1.（2022—46）根据《标准设备采购招标文件》中的通用合同条款，除专用合同条款另有约定外，买方应向卖方支付合同价格的（　　）作为验收款。

A．25%   B．30%

C．40%   D．60%

2.（2022—78）根据《标准设备采购招标文件》中的通用合同条款，设备采购支付的合同价款有（　　）。

A．预付款   B．交货款

C．监造款   D．验收款

E．结清款

3.（2022—47）根据《标准设备采购招标文件》中的通用合同条款，除专用合同条款另有约定外，合同设备的开箱检验应在（　　）进行。

A．卖方仓库
B．第三方检测地
C．施工场地
D．第三方物流公司

4.（2020—41）根据《标准设备采购招标文件》，买卖双方可约定合同设备的所有权和风险转移的界面为（　　）。

A．装在设备制造厂的运输工具上
B．施工场地设备安装部位
C．运至施工场地运输工具的车面上
D．施工场地的安装作业面

5.（2020—42）根据《标准设备采购招标文件》，由于买方原因，合同约定的设备在三次考核中均未能达到技术性能考核指标，买卖双方应签署的文件是（　　）。

A．设备质量合格证
B．验收款支付函
C．进度款支付函
D．设备验收证书

6.（2021—79）根据《标准设备采购招标文件》中的通用合同条款，设备采购合同履行过程中，卖方未能按时交付合同设备的，应向买方支付迟延交付违约金。除专用合同条款另有约定外，迟延交付违约金的计算方法有（　　）。

A．迟交 2 周的，每周迟延交付违约金是迟交合同设备价格的 0.5%
B．迟交 3 周的，每周迟延交付违约金是迟交合同设备价格的 0.5%
C．迟交 4 周的，每周迟延交付违约金是迟交合同设备价格的 1%
D．迟交 6 周的，每周迟延交付违约金是迟交合同设备价格的 1.5%
E．迟交 8 周的，每周迟延交付违约金是迟交合同设备价格的 2%

习题答案及解析

1．A　　　2．ABDE　　　3．C　　　4．C　　　5．B
6．AB

【解析】

4．C。除专用合同条款另有约定外，卖方应根据合同约定的交付时间和批次在施工场地车面上将合同设备交付给买方。合同设备的所有权和风险自交付时起由卖方转移至买方。

5．B。如由于买方原因合同设备在三次考核中均未能达到技术性能考核指标，买卖双方应在考核结束后 7 日内或专用合同条款另行约定的时间内签署验收款支付函。

第九章
国际工程常用合同文本

第一节　FIDIC 施工合同条件

知识导学

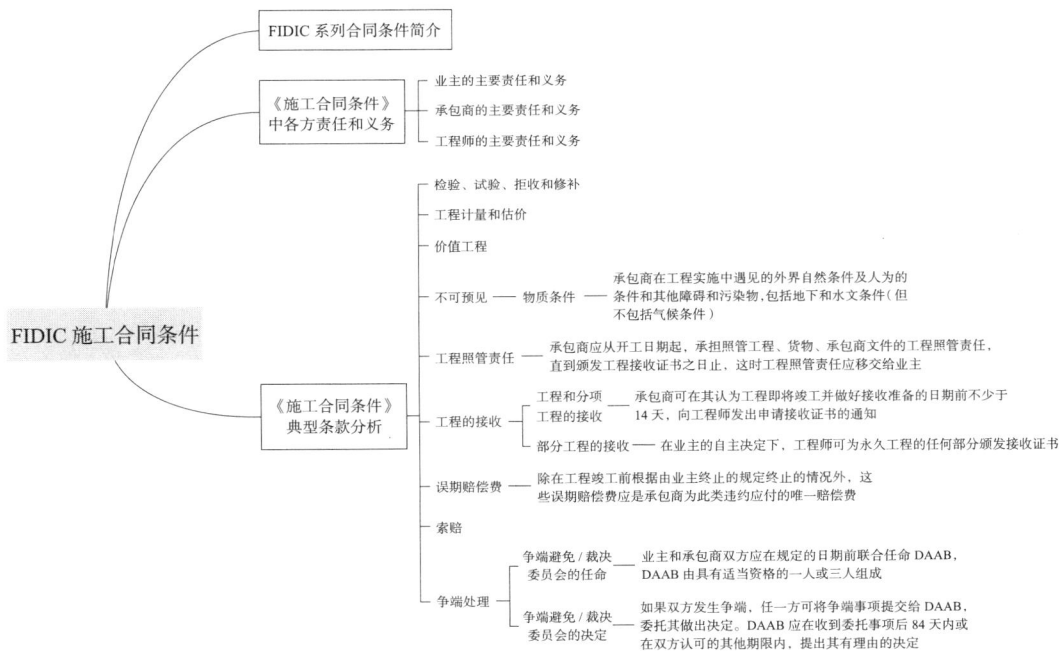

习题汇总

一、FIDIC 系列合同条件简介

1. 目前得到广泛应用的 FIDIC 标准合同条件中，适用于投资金额相对较小、工期短或技术简单，或重复性的工程项目施工的是（　　）。

A.《施工合同条件》　　　　　　B.《设计施工和营运合同条件》

C.《土木工程施工合同条件》　　D.《简明合同格式》

二、《施工合同条件》中各方责任和义务

2. 根据 FIDIC《施工合同条件》，下列关于工程师地位的说法，正确的是（　　）。

A. 工程师的权利并不来自雇主

B. 为业主开展项目日常管理工作

C. 工程师不属于雇主人员

D. 工程师应当尽力帮助承包商解决问题

（一）业主的主要责任和义务

3.（2020—47）根据 FIDIC《施工合同条件》，属于工程师职责和权力的是（　　）。

A. 提供履约担保证书　　　　　B. 及时提供设计图纸

C. 给予承包商现场进入权　　　D. 接收并处理索赔报告

4.《施工合同条件》是 FIDIC 系列合同条件中最具代表性的文本。在《施工合同条件》模式下，项目主要参与方包括业主、承包商和工程师，其中业主的主要责任和义务表现在（　　）。

A. 承担大部分或全部设计工作并及时向承包商提供设计图纸

B. 做好项目资金安排

C. 向承包商及时提供信息、指示、同意、批准及发出通知

D. 提供工程执行和竣工所需的各类计划、实施情况、意见和通知

E. 办理工程保险

（二）承包商的主要责任和义务

5. 根据 FIDIC 施工合同条件，承包商应履行的合同义务有（　　）。

A. 提供工程执行和竣工所需的实施情况　　B. 向业主提交月进度报告

C. 向业主提供临时操作与维护手册　　　　D. 履行承包商日常管理职能

E. 对业主人员进行操作与维修培训

（三）工程师的主要责任和义务

6.（2022—79）根据 FIDIC《施工合同条件》，工程师受业主委托进行合同管理时，应履行的工作职责和义务有（　　）。

A. 确认工程变更和合同价款支付

B. 提前将其参加试验的意向通知承包商

C. 解除任何一方依照合同应具有的职责

D. 向其助手指派任务和委托部分权力

E. 随时进行工程计量

7. 根据 FIDIC《施工合同条件》，关于工程师的主要责任和义务的说法，错误的是（　　）。

A．工程师执行业主委托的施工项目质量、进度、费用、安全、环境等目标监控和日常管理工作

B．工程师可以确定确认合同款支付、工程变更、试验、验收等专业事项等

C．工程师可以向助手指派任务和委托部分权力

D．工程师有权修改合同，但无权解除任何一方依照合同具有的职责、义务或责任

三、《施工合同条件》典型条款分析

8．（2020—48）根据 FIDIC《施工合同条件》，承包商向工程师发出申请工程接收证书通知的时间应在承包商认为工程即将竣工并做好接收准备日期前不少于（　　）日。

A．14　　　　　　　　　　　　　　　　B．21

C．28　　　　　　　　　　　　　　　　D．30

9．（2021—48）根据 FIDIC《施工合同条件》承包商应从开工之日起，承担工程照管责任，直到（　　）之日止。

A．承包商提交工程竣工验收申请　　　　B．业主颁发工程接收证书

C．承包商提交工程竣工结算申请　　　　D．业主颁发工程缺陷责任证书

10．工程师应提前至少（　　）h 将其参加试验的意向通知承包商。如果工程师未在商定的时间和地点参加试验，除非工程师另有指令，承包商可自行进行试验，并视为是在工程师在场的情况下进行的。

A．24　　　　　　　　　　　　　　　　B．48

C．72　　　　　　　　　　　　　　　　D．96

11．如果因遵守工程师的指令或因业主的延误而使承包商遭受了延误和（或）导致了费用，则承包商应（　　）。

A．直接向业主提出工期和费用索赔

B．通知工程师，但仅有权向其提出费用和利润索赔

C．通知工程师并有权向其提出工期、费用和利润索赔

D．通知工程师，但仅有权向其提出工期和费用索赔

12．同时满足以下情形中（　　）条件的,可对该项工作规定的费率或价格加以调整。

A．此项工作测量的工程量比工程量表中规定的工程量的变动超过 10%

B．此项工作测量的工程量比其他报表中规定的工程量的变动超过 5%

C．工程量的变动直接导致该项工作每单位成本的变动超过 1%

D．合同中没有规定此项工作为固定费率

E．工程量的变动与费率的乘积超过了中标合同额的 0.01%

13．工程师在收到承包商索赔报告或证明资料后（　　）日内，或在工程师可能建议并经承包商认可的其他期限内，做出回应。

A．14　　　　　　　　　　　　　　　　B．28

C．42　　　　　　　　　　　　　　　　D．84

14. 如果承包商认为，根据合同，承包商有权得到竣工时间的延长期和（或）任何追加付款，承包商应向工程师发出通知，说明引起索赔的事件或情况。该通知应在承包商察觉或应已察觉该事件或情况后（　　）日内发出。

A．14　　　　　　　　　　　　　　B．21

C．28　　　　　　　　　　　　　　D．56

15．（2022—48）根据 FIDIC《施工合同条件》，合同争端可按照规定，由争端避免／裁决委员会（DAAB）裁决。关于 DAAB 人员任命和酬金的说法，正确的是（　　）。

A．由业主任命、承包商承担酬金

B．合同双方联合任命、业主承担酬金

C．合同双方联合任命、承包商承担酬金

D．合同双方联合任命、分摊酬金

习题答案及解析

1．D　　　　2．B　　　　3．D　　　　4．ABC　　　　5．AD

6．AD　　　7．D　　　　8．A　　　　9．B　　　　　10．C

11．C　　　12．ACDE　　13．C　　　14．C　　　　15．D

【解析】

6．AD。工程师的主要责任和义务：执行业主委托的施工项目质量、进度、费用、安全、环境等目标监控和日常管理工作，包括协调、联系、指示、批准和决定等；确定确认合同款支付、工程变更、试验、验收等专业事项等；工程师还可以向助手指派任务和委托部分权力，但工程师无权修改合同，无权解除任何一方依照合同具有的职责、义务或责任。

8．A。承包商可在其认为工程即将竣工并做好接收准备的日期前不少于 14 日，向工程师发出申请接收证书的通知。

第二节 FIDIC 设计采购施工（EPC）/ 交钥匙合同条件

知识导学

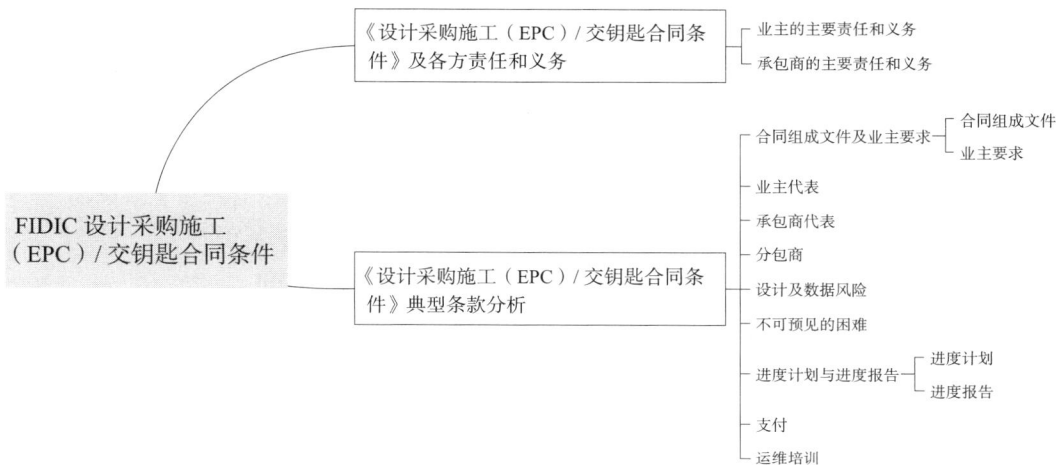

习题汇总

一、《设计采购施工（EPC）/ 交钥匙合同条件》及各方责任和义务

1．（2020—78）FIDIC《设计采购施工（EPC）/ 交钥匙工程合同条件》的特征有（　　）。

A．招标文件应提供详细的施工图纸

B．承包商应负责建成设施的长期商业运营

C．业主承担全部"不可预见的困难"风险

D．采用总价合同计价模式

E．业主委派"业主代表"负责管理合同

二、《设计采购施工（EPC）/ 交钥匙合同条件》典型条款分析

2．（2020—49）根据 FIDIC《设计采购施工（EPC）/ 交钥匙工程合同条件》，合同文件的优先解释顺序是（　　）。

A．通用合同条件—专用合同条件—投标书—业主要求

B．专用合同条件—通用合同条件—业主要求—投标书

C．通用合同条件—专用合同条件—业主要求—投标书

D．专用合同条件—通用合同条件—投标书—业主要求

3．根据 FIDIC《设计采购施工（EPC）/ 交钥匙工程合同条件》，合同文件的优先次序中，位于第一的是（　　）。

A．联合体保证　　　　　　　　　　　　B．业主要求

C．明细表　　　　　　　　　　　　　　D．合同协议书

4．（2020—79）根据 FIDIC《设计采购施工（EPC）/交钥匙工程合同条件》，承包商在开工后向业主提交的进度计划中所包括的内容有（　　）。

A．保证进度计划如期实现承诺书　　　B．工程各主要阶段的预期安排

C．各项重要校验工作的顺序安排　　　D．各项重要试验的时间安排

E．计划采取的赶工方案及措施

5．（2021—49）根据 FIDIC《设计采购施工（EPC）/交钥匙工程合同条件》，优先解释顺序仅次于合同协议书和合同条件的合同文件是（　　）。

A．投标书　　　　　　　　　　　　　　B．工程量清单

C．业主要求　　　　　　　　　　　　　D．设计标准

6．不符合《设计采购施工（EPC）/交钥匙合同条件》条款的是（　　）。

A．承包商应接受业主、业主代表及助理人员根据授权向承包商发出的指令

B．承包商可以任命 2 名"承包商代表"，并授予其代表承包商履行合同所需的全部权力

C．承包商代表还可向任何胜任的人员授予权力和职责，该授权应在业主收到承包商代表签署的告知通知后方能生效

D．只有在专用合同条件中没有限制分包的部分，承包商才能分包

7．（2022—49）根据 FIDIC《设计采购施工（EPC）/交钥匙合同条件》，承包商应在开工日期后（　　）天内向业主提交一份进度计划。

A．21　　　　　　　　　　　　　　　　B．28

C．42　　　　　　　　　　　　　　　　D．56

习题答案及解析

1．DE　　　　2．B　　　　　　3．D　　　　　4．BCD　　　　5．C

6．B　　　　7．B

【解析】

2．B。《设计采购施工（EPC）/交钥匙工程合同条件》合同文件的组成及其优先次序是：（1）合同协议书；（2）专用合同条件；（3）通用合同条件；（4）业主要求；（5）明细表；（6）投标书；（7）联合体保证（如投标人为联合体）；（8）其他组成合同的文件。

第三节　NEC 施工合同（ECC）及合作伙伴管理

知识导学

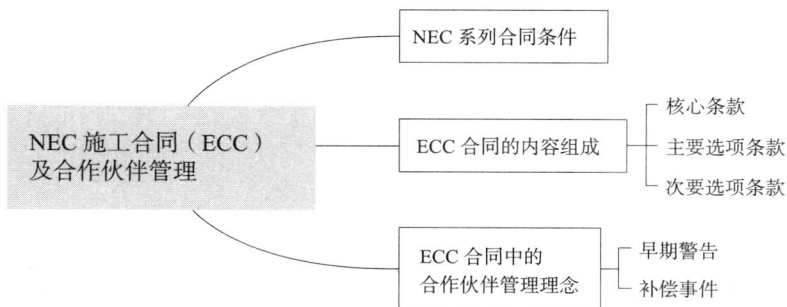

习题汇总

一、NEC 系列合同条件

仅做了解即可。

二、ECC 合同的内容组成

1.（2019—80）根据《英国工程施工合同文本》（ECC），属于核心条款的有（　　）。

A. 承包商的主要责任　　　　　　　　B. 工期

C. 通货膨胀引起的价格调整　　　　　D. 法律的变化

E. 履约保证

2.（2020—80）英国土木工程师学会发布的工程施工合同（ECC）的基本组成内容有（　　）。

A. 核心条款　　　　　　　　　　　　B. 索赔条款

C. 主要选项条款　　　　　　　　　　D. 次要选项条款

E. 裁决协议条款

3.（2021—14）根据英国工程施工合同（ECC）条件，属于 ECC 核心条款的是（　　）。

A. 履约保证　　　　　　　　　　　　B. 承包商预付款

C. 区段竣工　　　　　　　　　　　　D. 测试和缺陷

（一）核心条款

4. 工程施工合同（ECC）的组成内容中，核心条款包括（　　）。

A. 承包商的主要责任　　　　　　　　B. 测试和缺陷

C. 支付承包商预付款　　　　　　　　D. 多种货币

E. 补偿事件

（二）主要选项条款

5.（2018—50）根据 NEC《工程施工合同》，签订合同时，价格已经确定的合同属于（　　）。

A．管理合同　　　　　　　　　　B．目标合同

C．标价合同　　　　　　　　　　D．成本补偿合同

6．英国 NEC 合同文本的主要选项条款包括（　　）。

A．管理合同　　　　　　　　　　B．成本补偿合同

C．带有工程量清单的目标合同　　D．误期损害赔偿

E．关键业绩指标

（三）次要选项条款

7.（2022—80）根据英国工程施工合同（ECC）条件，属于次要选项条款的有（　　）。

A．测试和缺陷　　　　　　　　　B．保留金

C．争端和合同终止　　　　　　　D．所有权

E．工期延误赔偿费

8．下列属于英国 ECC 施工合同文本的次要选项条款的有（　　）。

A．通货膨胀引起的价格调整　　　B．法律的变化

C．提前竣工奖金　　　　　　　　D．承包商的主要责任

E．承包商对其设计所承担的责任只限于运用合理的技术和精心设计

三、ECC 合同中的合作伙伴管理理念

9．关于早期警告和补偿事件的说法中，错误的是（　　）。

A．早期警告程序是 ECC 共同预警的最重要的机制

B．项目经理和承包商都可要求对方出席早期警告会议，每一方都可在对方同意后要求其他人员出席该会议

C．项目经理应在早期警告会议上对所研究的建议和做出的决定记录在案，并将记录发给承包商

D．ECC 条款中的补偿事件计价原则：若变更由业主提供的工程信息，则该补偿事件的影响按对业主最有利的解释进行计价

习题答案及解析

1．AB　　　　2．ACD　　　　3．D　　　　4．ABE　　　　5．C

6．ABC　　　7．BE　　　　8．ABCE　　　9．D

【解析】

1．AB。核心条款设有 9 条包括：（1）总则；（2）承包商的主要责任；（3）工期；（4）测试和缺陷；（5）付款；（6）补偿事件；（7）所有权；（8）风险和保险；（9）争端

和合同终止。

2．ACD。工程施工合同（ECC）的组成内容主要包括：核心条款、主要选项条款、次要选项条款。

第四节　AIA 系列合同及 CM 和 IPD 合同模式

知识导学

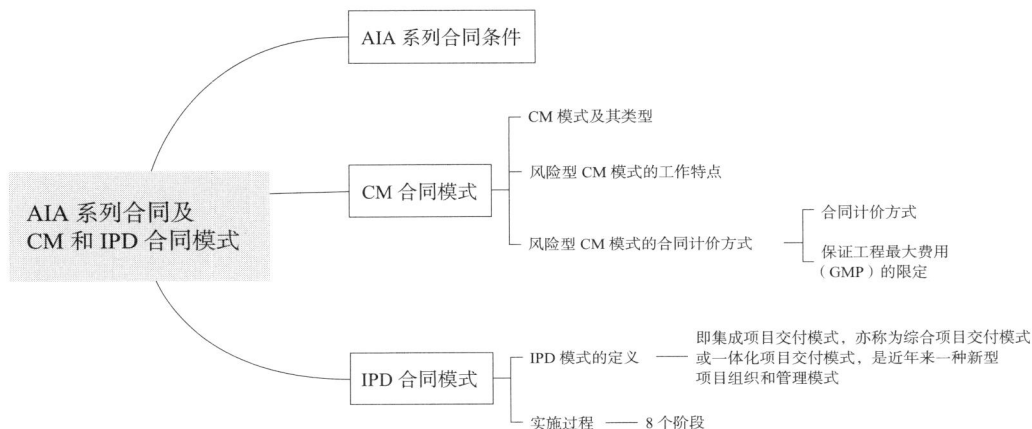

习题汇总

一、AIA 系列合同条件

1．（2021—74）关于 CM 合同模式的说法，正确的有（　　）。

A．风险型 CM 合同采用成本加酬金的计价方式

B．代理型 CM 承包商负责工程分包的发包

C．CM 合同属于管理承包合同

D．代理型 CM 承包商不承担工程实施风险

E．风险型 CM 承包商只负责施工阶段的组织管理工作

2．美国建筑师学会（AIA）编制了众多的系列标准合同文本，适用于不同的项目管理类型和管理模式，包括（　　）。

A．专业服务模式　　　　　　　　　B．CM 模式

C．传统模式　　　　　　　　　　　D．设计—建造模式

E．集成化管理模式

3．美国 AIA 合同文本中，B 系列代表（　　）。

A．业主与建筑师之间合同的文件

B．建筑师行业的有关文件

C．建筑师与专业咨询机构之间合同的文件

D．业主与施工承包商、CM 承包商、供应商之间的合同

二、CM 合同模式

（一）CM 模式及其类型

仅做了解即可。

（二）风险型 CM 模式的工作特点

4．关于风险型 CM 模式，下列说法错误的是（　　）。

A．风险型 CM 合同采用成本加酬金的计价方式，成本部分由业主承担，CM 承包商获取约定的酬金

B．CM 承包商在工程设计阶段就应介入

C．当工程实际总费用超过 GMP 时，超过部分由 CM 承包商承担

D．CM 承包商需要等到设计全部完成后才开始施工

（三）风险型 CM 模式的合同计价方式

1. 合同计价方式

5．（2015—50）风险型 CM 的合同计价方式是（　　）。

A．采用成本加酬金的计价方式，CM 承包商可赚取总包、分包合同的差价

B．采用成本加酬金的计价方式，CM 承包商不赚取总包、分包合同的差价

C．采用固定总价的计价方式，CM 承包商可赚取总包、分包合同的差价

D．采用固定总价的计价方式，CM 承包商不赚取总包、分包合同的差价

6．（2018—48）风险型 CM 合同的计价方式是（　　）。

A．固定总价　　　　　　　　　　B．成本加酬金

C．固定单价　　　　　　　　　　D．可调单价

7．CM 承包商的酬金约定通常可采用（　　）的方式。

A．固定酬金

B．按总包合同价的百分比取费

C．按分包合同价的百分比取费

D．按总包合同实际发生工程费用的百分比取费

E．按分包合同实际发生工程费用的百分比取费

2. 保证工程最大费用（GMP）的限定

8．美国建筑师学会（AIA）合同文本中，在约定保证工程最大费用（GMP）后，实施工程中可以与业主协商调整 GMP 的情况是（　　）。

A．发生设计变更或补充图纸

B．业主要求变更材料、设备的标准、数量和质量

C．工程实际总费用超过 GMP 时

D．业主签约交由 CM 承包商管理的施工承包商

E．业主指定分包商与 CM 承包商签约的合同价大于 GMP 中的相应金额

三、IPD 合同模式

（一）IPD 模式的定义

仅做了解即可。

（二）IPD 模式的实施过程及特点

9．（2020—50）根据美国建筑师学会（AIA）发布的 IPD（集成项目交付）合同，关于争端和索赔的说法，正确的是（　　）。

A．争端应提交与合同各方没有任何利害关系的争端裁决委员会裁决

B．争端应提交业主委托任命的代表业主进行合同管理的工程师裁决

C．合同各方应通过合同中约定的早期警告和补偿事件机制处理索赔

D．合同各方应放弃除故意违约等情形外的对合同任何一方的索赔

10．关于 IPD 模式的实施过程及特点，下列说法不正确的是（　　）。

A．若项目实际成本大于目标成本，业主必须偿付工程的所有成本，包括设计单位和承包商人员的工资

B．争议处理委员会的项目中立人由参与各方共同指定

C．参与各方应放弃任何对其他参与方的索赔

D．若项目实际成本大于目标成本，根据合同约定，业主可选择不再偿付任何单位的人员成本，只支付材料、设备和分包成本

11．（2022—50）采用集成项目交付（IPD）模式时，工程参建各方需要在（　　）阶段共同确定项目目标成本。

A．标准设计　　　　　　　　　　　　　B．策划

C．详细设计　　　　　　　　　　　　　D．施工

习题答案及解析

1．ACD　　　　2．BCDE　　　　3．A　　　　4．D　　　　5．B

6．B　　　　　7．ACE　　　　8．ABDE　　　　9．D　　　　10．A

11．A

【解析】

6．B。风险型 CM 合同采用成本加酬金的计价方式，成本部分由业主承担，CM 承包商获取约定的酬金。

9．D。IPD 合同在索赔方面，参与各方应放弃任何对其他参与方的索赔（故意违约等情形除外）。在争端处理方面，IPD 合同模式下任何一方提出的争议应提交到由业主、设计单位、承包商等参与方的高层代表和项目中立人所组成的争议处理委员会协商解决。